总主编　林家阳

网页设计

李蓟宁　编著

U0951920

中国轻工业出版社

图书在版编目（CIP）数据

网页设计 / 李蓟宁编著. — 北京 : 中国轻工业出版社，2022.12
ISBN 978-7-5019-9242-3

Ⅰ. ①网… Ⅱ. ①李… Ⅲ. ①网页制作工具–教材 Ⅳ. ①TP393.092

中国版本图书馆CIP数据核字（2013）第259718号

责任编辑：毛旭林
策划编辑：李　颖　毛旭林　　责任终审：劳国强　　版式设计：上海市原创设计大师工作室
封面设计：刘　斌　　　　　　责任校对：燕　杰　　责任监印：张京华

出版发行：中国轻工业出版社（北京东长安街6号，邮编：100740）
印　　刷：艺堂印刷（天津）有限公司
经　　销：各地新华书店
版　　次：2022年12月第1版第7次印刷
开　　本：870×1140　1/16　印张：9
字　　数：300千字
书　　号：ISBN 978-7-5019-9242-3　定价：49.80元
邮购电话：010-65241695
发行电话：010-85119835　传真：85113293
网　　址：http：//www.chlip.com.cn
Email：club@chlip.com.cn
如发现图书残缺请与我社邮购联系调换
221552J1C107ZBW

序一
PROLOG 1

中国的艺术设计教育起步于20世纪50年代，改革开放以后，特别是90年代进入一个高速发展的阶段。由于学科历史短，基础弱，艺术设计的教学方法与课程体系受苏联美术教育模式与欧美国家20世纪初形成的课程模式影响，导致了专业划分过细，过于偏重技术性训练，在培养学生的综合能力、创新能力等方面表现出突出的问题。

随着经济和文化的大发展，社会对于艺术设计专业人才的需求量越来越大，市场对艺术设计人才教育质量的要求也越来越高。为了应对这种变化，教育部将“艺术设计”由原来的二级学科调整为“设计学”一级学科，既体现了对设计教育的重视，也体现了把设计教育和国家经济的发展密切联系在一起。因此教育部高等学校设计学类专业教学指导委员会也在这方面做了很多工作，其中重要的一项就是支持教材建设工作。此次由设计学类专业教指委副主任林家阳教授担纲的这套教材，在整合教学资源、结合人才培养方案，强调应用型教育教学模式、开展实践和创新教学，结合市场需求、创新人才培养模式等方面做了大量的研究和探索；从专业方向的全面性和重点性、课程对应的精准度和宽泛性、作者选择的代表性和引领性、体例构建的合理性和创新性、图文比例的统一性和多样性等各个层面都做了科学适度、详细周全的布置，可以说是近年来高等院校艺术设计专业教材建设的力作。

设计是一门实用艺术，检验设计教育的标准是培养出来的艺术设计专业人才是否既具备深厚的艺术造诣，实践能力，同时又有优秀的艺术创造力和想象力，这也正是本套教材出版的目的。我相信本套教材能对学生们奠定学科基础知识、确立专业发展方向、树立专业价值观念产生最深远的影响，帮助他们在以后的专业道路上走得更长远，为中国未来的设计教育和设计专业的发展注入正能量。

教育部高等学校设计学类专业教学指导委员会原主任

中央美术学院　教授 / 博导　谭平

序二

PROLOG 2

建设“美丽中国”、“美丽乡村”的内涵不仅仅是美丽的房子、美丽的道路、美丽的桥梁、美丽的花园，更为重要的内涵应该是贴近我们衣食住行的方方面面。好比看博物馆绝不只是看博物馆的房子和景观，而最为重要的应该是其展示的内容让人受益，因此“美丽中国”的重要内涵正是我们设计学领域所涉及的重要内容。

办好一所学校，培养有用的设计人才，造就出政府和人民满意的设计师取决于三方面的因素，其一是我们要有好的老师，有丰富经历的、有阅历的、理论和实践并举的、有责任心的老师。只有老师有用，才能培养有用的学生；其二是有一批好的学生，有崇高志向和远大理想，具有知识基础，更需要毅力和决心的学子；其三是连接两者纽带的，具有知识性和实践性的课程和教材。课程是学生获取知识能力的宝库，而教材既是课程教学的“魔杖”，也是理论和实践教学的“词典”。“魔杖”即通过得当的方法传授知识，让获得知识的学生产生无穷的智慧，使学生成为文化创意产业的使者。这就要求教材本身具有创新意识。本套教材包括设计理论、设计基础、视觉设计、产品设计、环境艺术、工艺美术、数字媒体和动画设计八个方面的 50 本系列教材，在坚持各自专业的基础上做了不同程度的探索和创新。我们也希望在有限的纸质媒体基础上做好知识的扩充和延伸，通过教材案例、欣赏、参考书目和网站资料等起到一部专业设计“词典”的作用。

为了打造本套教材一流的品质，我们还约请了国内外大师级的学者顾问团队、国内具有影响力的学术专家团队和国内具有代表性的各类院校领导和骨干教师组成的编委团队。他们中有很多人已经为本系列教材的诞生提出了很多具有建设性的意见，并给予了很多方面的指导。我相信以他们所具有的国际化教育视野以及他们对中国设计教育的责任感，这套教材将为培养中国未来的设计师，并为打造“美丽中国”奠定一个良好的基础。

教育部高等学校设计学类专业教学指导委员会副主任
教育部职业院校艺术设计类专业教学指导委员会原主任
同济大学　教授 / 博导　林家阳

前言

FOREWORD

本人从事网页设计教学工作多年，也为多个企业设计网站，在这个过程中，积累了一些经验，一直希望与大家分享。这次有幸参与林家阳教授总主编的这套系列教材的编写，将本人的一些拙见总结成《网页设计》一书。

随着互联网的迅速发展，能够以网页为载体进行信息的网络发布与传播已经成为当代许多职业工作者的必备技能，网页设计人才已经成为当前最紧缺的人才之一。网页设计也成为大学本科、高职高专的数字媒体、计算机、电子商务等专业普遍开设的课程。网页设计课程的教学应该紧随时代的步伐，使学生更好地掌握职业岗位所需的知识和专业技能，能更适应社会的需求。

本教材内容由浅入深，风格活泼，通俗易懂，案例新颖丰富。全面系统地针对刚接触网页设计的读者介绍了网页设计基础、网页特性、网页设计与表现、网页浏览引导等内容。并通过图文并茂的方式，简洁直观地介绍网页设计所需要的基础知识与实用技巧。每个实例均结合初学者的特点，在讲解时对操作过程中的每个步骤都有详细的说明，并配有明确的指示图形，以帮助读者理解。

市面上很多网页设计的教材都是以软件教学或网站页面的排版设计为主，但网页设计并不仅仅是“网页排版”，网页具有“互动性”这一重要特点，因此，如何引导用户浏览是隐含在网页中的重要设计，本教材在这个部分作了详细的探讨。本书不仅教授如何才能设计好一个网页的版面，还教授如何为用户创造舒适流畅的浏览体验。

《网页设计》可作为高等院校数字媒体、计算机或电子商务等专业的教材，同时也是网页制作者理想的参考书。

李蓟宁

课时安排

建议60课时

章节	课程内容	课时	
第一章 网页设计的概念与原则 （4课时）	第一节　网页设计的基本概念	2	4
	第二节　课程的设计原则和评价标准	2	
第二章 网页设计与实训 （46课时）	项目一　课程网站页面设计		16
	1. 作业要求	1	
	2. 设计案例	3	
	3. 知识点	6	
	4. 实践程序	6	
	项目二　小型网站设计		30
	1. 作业要求	1	
	2. 设计案例	4	
	3. 知识点	6	
	4. 实践程序	19	
第三章 欣赏与分析 （10课时）	第一节　商业推广网站	4	10
	第二节　设计、艺术、文化类网站	4	
	第三节　其他网站	2	

目录
contents

第一章　网页设计的概念与原则 010

第一节　网页设计的基本概念 011

1．网页设计课程开设背景 011

2．网站的相关概念 012

3．互联网的发展历程 023

第二节　课程的设计原则和评价标准 030

1．课程的设计原则 030

2．课程的评价标准 031

第二章　网页设计与实训 032

项目一　课程网站页面设计 033

1．作业要求 033

2．设计案例 034

3．知识点 036

4．实践程序 086

项目二　小型网站设计 094

1．作业要求 094

2．设计案例 096

3．知识点 108

4．实践程序 114

第三章　欣赏与分析 120

第一节　商业推广网站 121

1．全视频网站《GE，想到，做到》（all.vic.sina.com.cn/ge）........ 121

2．大型情景网站《奇多》（cheetos.com.tr）........ 124

3．万代（韩国）官方网站（www.bandai.co.kr）........ 125

4．本田 CR-V 宣传网站（www4.honda.com.br/hondacrv）........ 126

5．宜家厨房宣传网站《in the kitchen》（www.kitchenview.ru）........ 128

6．优衣库（泰国）门店开幕宣传网站（cheetos.com.tr）........ 129

7．雷克萨斯（台湾）LS 系列宣传网站（www.lexus.com.tw/event/2012LS）........ 130

第二节　设计、艺术、文化类网站 131

1．OK 工作室网站（www.ok-studios.de）........ 131

2．摩研行空广告公司网站（www.mymoyan.com）........ 132

3．五斗米 Rice5Workshop 传媒及广告公司网站（www.rice5.com/www/v2）........ 133

4．“儿童的世纪”展览活动宣传网站（www.moma.org/interactives/exhibitions/2012/centuryofthechild/）........ 134

5．插画艺术家 Róth Anikó 个人网站（www.rothaniko.com）........ 135

6．《Bell》音乐视频游戏网站（www.androp.jp/bell）........ 136

7．单曲《Coffee》发布网站（www.musikvideoprojekt.de）........ 137

8．Kinetic 设计机构网站（www.kinetic.com.sg）........ 138

第三节　其他网站 139
2011 澳大利亚人口普查宣传网站《Spotlight》(spotlight.abs.gov.au) 139

参考文献 **140**

学习网站 **141**

后记 **142**

01 第一章 网页设计的概念与原则

第一节　网页设计的基本概念

第二节　课程的设计原则和评价标准

网站是企业向用户提供信息（包括产品和服务）的一种方式，是企业开展电子商务的基础设施和信息平台，是企业开展互联网宣传和反映企业形象和文化的重要窗口。它具有互动性强、受众面广等其他媒体所不具有的特点。
网页设计就是网站中的页面设计。本章主要阐述了网页设计重要性、网站的相关概念、互联网的发展历程以及网页设计课程的设计原则和评价标准等内容。

第一节 网页设计的基本概念

本节主要由三个部分构成。首先，通过各种数据阐明互联网在人们生活中的重要性，从而说明网页设计工作的重要性与在数字媒体专业开设的必要性。然后讲述了网站域名、源程序、备案等网站相关基本概念。最后通过叙述互联网的发展历史、中国互联网的现状、网络媒体发展的未来趋势和网页设计技术发展历程，阐明了互联网的发展历程。

1. 网页设计课程开设背景

如果要说现在发展最快的新媒体，答案只有一个，就是互联网。互联网是20世纪最伟大的发明之一。今天，信息化浪潮已经席卷全球，互联网已成为信息化的重要平台、信息化的重要工具和信息化的重要组成部分，互联网已经与信息化分不开，而且相互促进。互联网深刻影响着世界经济、政治、文化和社会的发展，促进了社会生产生活和信息传播的变革。2005年，中国社会科学研究院副研究员郭良发布了具有标志意义的《2005年中国5城市互联网使用现状及影响调查报告》。报告认为，对于网民来说，互联网作为信息来源的重要性已经超过所有其他媒体。

美国思科系统公司在2011年全球进行的一项调查显示，对于三分之一的网民来说，互联网对他们而言就如同水、食物、空气和住所一样重要。思科《网络世界技术报告》表示，另有近一半的受调查者称他们并不认为互联网的重要性达到如此地步，但仍相当重要。思科此次调查了14个国家的2853位人士，其中约一半是大学学生，一半是刚就业的大学毕业生，年龄在21岁至29岁之间。

互联网在整个世界范围的地位越来越重要。在美国，网络使美国民众的生活发生了革命性的改变，从社会行为到商业行为，不但提升了效率，而且创造了新的生活方式和需求。整个工业产业的新陈代谢也加快了速度，很多美国工商企业更是以网络来布置沟通工作、汇报进度、监督审核等。美国的政客们和总统候选人也通过网络扩散政治理念，奥巴马的第一任总统选举获胜很大一部分的选票是通过Facebook获得了年轻人的支持。

日本的人口是1亿两千多万，其中网民人数在2011年就达到9600多万，普及率接近80%。有人形容一个典型的日本人的一天是这样的：早上8点，他掏出手机，用里面的优惠券去附近的麦当劳买早点，直接用手机支付。然后他用手机地图查看自己的出行路线，用手机刷卡直接进入地铁站，准备上班。在长达几十分钟的上班路上，继续用手机享受极其丰富的服务，玩一会游戏，下一部漫画，或者上社交网站。

据中国互联网信息中心发布的第31次《中国互联网络发展状况统计报告》，截至2012年年底，中国网民的数量高达5.64亿，一举成为世界之最，比预测的多了一倍。中国政府大力倡导和积极推动互联网在中国的发展和广泛应用。随着互联网在中国的快速发展与普及，人们的生产、工作、学习和生活方式已经开始并将继续发生深刻的变化。我国互联网已形成一个拥有 268 万个网站、5.64 亿网民的庞大的产业链，随着互联网行业的不断壮大与发展，网页设计职业岗位人才需求量急剧增加，《网页设计》课程作为一门专业主干课程，在数字媒体设计专业中开设，极大地增强了学生的就业竞争力。

《网页设计》这一课程主要针对行业企业在网络媒体方面的网页设计与制作员、网站开发与管理员岗位。通过学习《网页设计》，使学生掌握网页设计和制作的基本技能，能够制作企事业单位的静态网站，具备网站的策划、设计和制作能力，为从事网络媒体网页制作工作奠定良好的基础。

2. 网站的相关概念

网站是指在互联网上，根据一定的规则，使用 HTML 等工具制作的用于展示特定内容的相关网页的集合。简单地说，网站是一种通信工具，就像布告栏一样，人们可以通过网站来发布自己想要公开的信息，或者利用网站来提供相关的网络服务。网站由域名、网站源程序和网站服务器三部分构成。

1）网站域名

域名俗称网址，也就是网站的地址，是由一串用点分隔的名字组成的互联网上某一台计算机或计算机组的名称，用于在数据传输时标识计算机的电子方位。一个域名是便于记忆和沟通的一组服务器的地址。互联网上每一台主机都有一个唯一的固定的域名地址。（图 1–1、图 1–2）

图 1–1　浏览器网址示意图 / 李蓟宁 / 2013

① 类型

国际域名

也叫国际顶级域名。是使用最早也最广泛的域名。例如表示工商企业的 .com，表示网络提供商的 .net，表示非盈利组织的 .org 等。

国内域名

国内域名又称为国内顶级域名（national top–level domainnames，简称 NTLDS），即按照不同的国家分配不同后缀，这些域名即为该国的国内顶级域名。200 多个国家和地区都按照 ISO3166 国家代码分配了顶级域名，例如中国是 cn，美国是 us，日本是 jp 等。

在实际使用和功能上，国际域名与国内域名没有任何区别，都是互联网上具有唯一性的标识。只是在最终管理机构上，国际域名由美国商业部授权的互联网名称与数字地址分配机构（The Internet Corporation for Assigned Names and Numbers）即 ICANN 负责注册和管理；而中国的国内域名则由中国互联网络管理中心（China Internet Network Information Center) 即 CINIC 负责注册和管理。

② 级别

顶级域名

顶级域名分为两类：

一是国家顶级域名（national top–level domainnames，简称 NTLDS），200 多个国家都按照 ISO3166 国家代码分配了顶级域名，例如中国是 cn，美国是 us，日本是 jp 等。

二是国际顶级域名（international top–level domain names，简称 iTDs），例如表示工商企业的 .com，表示网络提供商的 .net，表示非盈利组织的 .org 等。大多数域名争议都发生在 com 的顶级域名下，因为多数公司上网的目的都是为了赢利。为加强域名管理，解决域名资源的紧张，Internet 协会、Internet 分址机构及世界知识产权组织（WIPO）等国际组织经过广泛协商，在原来三个国际通用顶级域名的基础上，新增加了 7 个国际通用顶级域名：firm（公司企业）、store

（销售公司或企业）、Web（突出 WWW 活动的单位）、arts（突出文化、娱乐活动的单位）、rec（突出消遣、娱乐活动的单位）、info(提供信息服务的单位)、nom(个人)，并在世界范围内选择新的注册机构来受理域名注册申请。

二级域名

二级域名是指顶级域名之下的域名，在国际顶级域名下，它是指域名注册人的网上名称，例如 ibm，yahoo，microsoft 等；在国家顶级域名下，它是表示注册企业类别的符号，例如 com，edu，gov，net 等。

中国在国际互联网络信息中心（Inter NIC） 正式注册并运行的顶级域名是 cn，这也是中国的一级域名。在顶级域名之下，中国的二级域名又分为类别域名和行政区域名两类。类别域名共 6 个，包括用于科研机构的 ac，用于工商金融企业的 com，用于教育机构的 edu，用于政府部门的 gov，用于互联网络信息中心和运行中心的 net，用于非盈利组织的 org。而行政区域名有 34 个，分别对应于中国各省、自治区和直辖市。

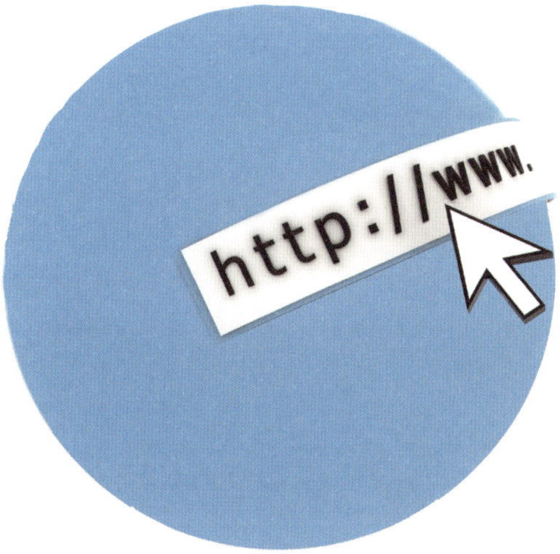

图 1–2　网址示意图 / gfxtra 素材网 / 美国 / 2013

三级域名

三级域名是二级域名的下一级，用字母（ A ~ Z，a ~ z，大小写等）、数字（0 ~ 9）和连接符（ – ）组成，各级域名之间用实点（.）连接，三级域名的长度不能超过 20 个字符。如无特殊原因，建议采用申请人的英文名（或者缩写）或者汉语拼音名 （或者缩写） 作为三级域名，以保持域名的清晰性和简洁性。三级域名整体包括三个 “.” 或两个 “.” 和一个 “/” 例如 “baike.baidu.com. ” 和 “baidu.com./baike ” 。

③ 申请注册

注册域名需要遵循 “先申请再注册” 的原则，域名既是一种有价值的资源，也是一种有限资源。域名是具有唯一性的，如果一个域名已经被注册，任何机构或个人都无权再注册相同的域名。

域名申请步骤：

（1）准备申请资料：com 域名无需提供身份证、营业执照等资料，2012 年 6 月 3 日 cn 域名已开放个人申请注册，所以申请者需要提供身份证或企业营业执照。

（2）寻找域名注册网站：万网、华夏名网、新网、易名、爱名网等网站都可申请注册域名。（图 1–3）

（3）查询域名：在注册商网站注册用户名成功后并查询域名，选择您要注册的域名，并点击域名注册查询。

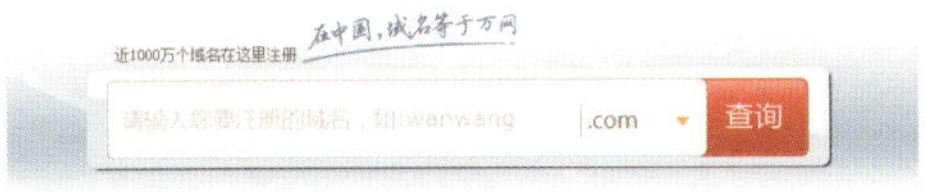

图 1–3　万网域名查询栏 / 万网 / 中国 / 2013

（4）正式申请：查到想要注册的域名，并且确认域名为可申请的状态后，提交注册，并缴纳年费。

（5）申请成功：正式申请成功后，即可开始进入 DNS 解析管理、设置解析记录等操作。

域名的期限：

（1）国际域名过期30天内可以提交续费，但不保证成功；过期后30～60天为赎回期，可以交赎回费用进行赎回，但是也不保证成功，过期后60～75天为删除期，这种状态只有等待删除后重新注册。

（2）如果国际域名过期后进入赎回期状态，您只能选择办理赎回或者等待域名释放后重新注册。

（3）国内顶级域名到期删除、续费及赎回规则：根据中国互联网络信息中心（CNNIC）的要求，从2007年12月20日起，cn英文域名的续费规则进行了相应的调整：cn英文域名到期未办理续费业务，域名会进入续费期，在此期间您的域名将可能暂停原来的解析，直到您成功续费后方可恢复。cn到期后30天内可续费。续费期内如仍未完成续费，域名会进入高价赎回期，域名状态变为“pendingDelete”，无法进行信息修改、转移和解析等操作。如您仍想要该域名，则需要按规定另外缴纳赎回域名的费用；若赎回期内域名没有被赎回，赎回期结束后60～75天为删除期，该域名将被删除。

④ 好的域名

域名是企业在网络上的门牌号，是有文字含义的商业性标记，与商标、商号类似，也是企业参与国际市场竞争的重要手段 。它不仅代表了企业在网络上独有的位置 ，也是企业的产品、服务范围、形象、商誉的综合体现，是企业无形资产的一部分。目前不论学术界还是实际部门，大都倾向于将域名视为企业知识产权客体的一种。

在域名的构思选择过程中，需要注意三点：简单易记、不易混淆、内容相关，以便使公众熟知并对其访问，从而达到扩大企业知名度、促进经营发展的目的。如：苹果的apple，肯德基的kfc这些网站名与企业商标吻合；如淘宝的taobao，当当的dangdang，苏宁的suning，一号店的yihaodian，好了买的okbuy，这些网站域名简单易记，不易混淆，并与网站内容相关。但像京东商城的360buy，最容易让人联想到的反而是360杀毒软件，容易混淆。京东现在已经采用了域名补救措施，登录jd.com或者jingdong.com，都可以跳转到其首页，有效地弥补了原来域名的缺点。

在域名后缀的选择上，建议为同一个域名注册不同的后缀，可以确保公司品牌的唯一性，同时也可以使用户更容易找到网站。现在域名的后缀选择越来越多，在中国除了com，net，org继续盛行以外，国别根cn，com.cn也渐渐占得一席之地。图1－4是Alexa网站统计的中国应用得比较普遍的后缀分布情况，显示com仍然占大比数的份额。

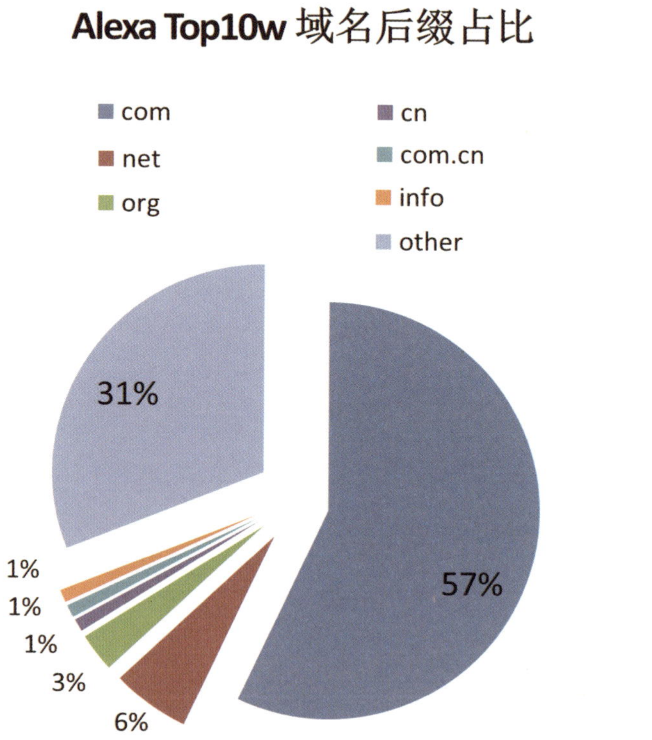

图1–4　中国网站后缀应用分布情况 / Alexa网站世界排名网 / 美国 / 2012

⑤ 身边的域名故事

腾讯—— qq.com

腾讯最早使用的是 OICQ 这个品牌，注册的域名也是 oicq.com 和 oicq.net，做为 ICQ 的汉化版。1999 年 8 月至 9 月，收购了 ICQ 软件及 icq.com 域名的美国在线状告腾讯侵犯其知识产权，并赢得了官司。2000 年 3 月 21 日，腾讯被判定将 oicq.com 和 oicq.net 域名归还美国在线。马化腾无奈之余只好暂时启用新域名——tencent.com 及 tencent.net。此后整整两年时间，腾讯一直以 tencent.com 域名作为其主要网站入口。2003 年，在腾讯所投诉的另外两起域名侵权 qq.com.cn 和 qq.cn 的域名纠纷中，腾讯又输了。腾讯开始寻找 qq.com，这是其最后一块落脚地了，腾讯已经陷入了域名绝地。

原来 qq.com 的域名早在 1995 年 5 月在大洋彼岸被一个叫罗伯特·亨茨曼软件工程师注册了。后来，由于没有时间再继续经营网站，他就把 qq.com 域名放在国外拍卖网站待售，但 200 万美元的开价，让这个域名在很长一段时间都无人问津。几经辗转，腾讯在 2003 年 3 月从罗伯特·亨茨曼手上购买了 qq.com，最终只花了 11 万美元（包括律师费）。

新浪微博—— weibo.com

weibo.com 是最正宗的拼音域名，也是微博行业网站最适合使用的域名，weibo.com 让网民感觉“微博”就是新浪微博，新浪微博才是血统最纯的“微博”，显得其他家的微博全成了附属品。但原来新浪第一个微博域名并不是 weibo.com，而是 2009 年 9 月拍下的 weibo.com.cn。

据悉 weibo.com 是一名叫做张伟波的人在 1999 年注册的同名域名，“潜伏”十年后赶上了微博崛起的年代，被新浪斥资 800 万元购买下来做为旗下微博业务的使用域名。新浪微博筹备两年后终于独立启用了微博拼音域名 weibo.com，weibo.com.cn 同时独立启用，logo 以“weibo.com”为主。另一个被低调收购的域名 weibo.cn 也作为手机用户入口域名，实现三个域名联合使用的局面。这时，行内人才惊醒，原来新浪微博历时一年多，已经将唯一可以标配“微博”二字的三个域名拿下。

在此期间，新浪微博并不满足于拼音域名的收购，其注册了多个“weibo”相关的域名，并且看好了一个短域名 t.cn，t.cn 早先是由蔡文胜花费 500 万委托易名中国购得，期间，转发至 4399 小游戏蔡文胜微博界面，到了 2010 年年底，t.cn 正式易主新浪。至此，新浪微博拿下了对其最为重要的 4 个域名。

2）网站源程序

网站源程序是一个网站放在网站服务器里面的内容，表现为 “网站前台” 和 “网站后台” 。

网站前台是面向网站访问用户的，通俗地说也就是给访问网站的人看的内容和页面，网站前台访问可以浏览公开发布的内容。

网站后台，有时也称为网站管理后台，或网站后台管理，用于管理网站前台的一系列操作，如产品、企业信息的增加、更新、删除等。通过网站管理后台，可以有效地管理网站供浏览者查阅的信息。进入网站后台通常需要账号及密码等信息登录验证，登录信息正确才能进入网站后台的管理界面进行相关的一系列操作。（图 1–5）

图 1–6 是 OOD SHOP 网站后台 “新闻资料管理” 页面，在后台编辑好需要发布的新闻标题、新闻内容和图片并发布后，即可在网站的前台 “新闻” 的内容页上看到所发布的新闻，如图 1–7 所示。

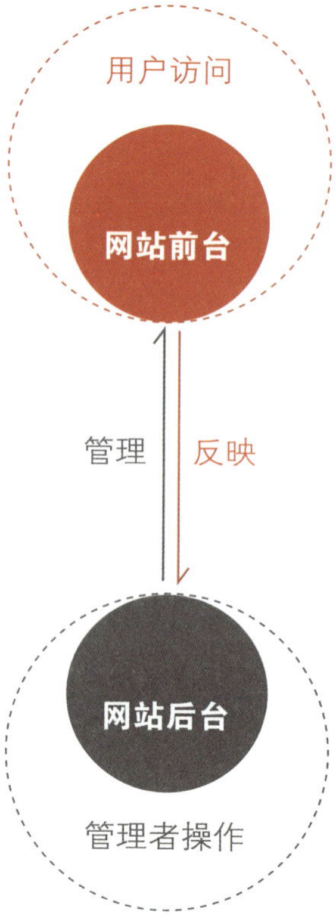

图 1–5　网站前台后台关系示意图 / 李蓟宁 / 2013

图 1–6　OOD SHOP 网站后台页面——新闻资料管理 / 优越家具有限公司 / 2012

欧的家居
OOD LIFE
系列家具 最新画册 促销杂志 设计您的家 生活时尚 专卖店 关于OOD 加盟专题
位置：首页/ 家具/ 客厅/ 组合厅柜/
会员登录 / 新用户注册
服务中心
站内搜索
家具
搜索
新闻
不止于定制，欧的简生活..
欧的简生活运动季，20..
OOD LIFE "化..
德国莱茵TUV环球供应..
中港设计师交流会在欧的..
新浪家居、太平洋家居等..
热烈祝贺欧的家居体验中..
设计以简，体贴于心。佛..
欧的家居体验中心开幕典..
欧的家居牵手电视剧《情..
宁波伊莎贝拉旗舰店实景..
伊莎贝拉色系OODLI..
[查看更多新闻内容]
客服
即时通讯：
QQ交谈
QQ交谈
电话：0757-23396389
0757-23368883
传真：0757-23365776
服务中心
付款方式
物流配送
售后服务
设计服务
门店信息资讯
产品信息资讯
新闻内容
不止于定制，欧的简生活2013年广州春季家具博览会盛况
2013年04月02日 04:06
大 | 中 | 小
欧的简生活，不止于定制。3月18日-21日，欧的简生活在广州春季家具博览会盛装登场。欧的简生活携手新浪家居，强强联合，重磅打造中国时尚家居第一品牌。
中国家具协会理事长朱长岭、广东省家具协会会长王克、中国家具协会副理事长刘金良、中国家具协会副理事长陈宝光、佛山家具协会秘书长褚福战、中国对外贸易中心（集团）副总裁王彦华等与欧的简生活总裁陈浩然一起见证了此次盛会。
3月18日是一个重要的日子，欧的简生活携手新浪家居，强强联合，重磅打造中国时尚家居第一品牌。现场，欧的简生活总裁陈浩然先生与新浪家居华南事业部总经理张利峰先生达成了战略合作签约。凤凰生活、世界家苑、腾讯家居、搜狐家居、广东电视台等60余家媒体现场报导，盛况空前。
欧的家居2013媒体战略合作
暨欧的简生活新品鉴赏
在本次展会上，欧的简生活面向全球用户的生活空间解决方案，隆重发布了全新的ODS高级定制系统。该系统结合了成品家具的设计优势，融合定制系统柜体的定制优势，延续现代简约的风格优势，把成品、定制、空间的三大设计优势融合在一起，从此翻开了欧的整体家居高级定制服务的崭新一页。展会期间，欧的简生活还联合了国内第一门户新浪网、凤凰生活周刊、世界家苑杂志打造展会第一直播间，向全球传递“简生活”的概念，并展出了“寻找简生活”摄影沙龙的优秀照片。
OOD LIFE
欧的·简生活
WWW.OOD.COM.CN
顺德优越豪庭家具有限公司
400-0689-089
返回
本月推荐
OOD LIFE 运动季
INSPIRE A GENERATION
OOD门店
广州OOD门店
广州吉盛伟邦（琶洲）欧的家居专卖店
各地区门店：
广州 | 深圳 | 上海 | 北京 | 湖南 |
厦门 | 杭州 | 佛山 | 山东 | 更多..
专卖店推荐
宁波天伦欧的家居专卖店
重庆香江OOD LIFE旗舰店
联系我们 | 关于我们 | 招聘信息 | 加盟政策 | 网站地图 | 服务条款
Copyright 2000-2010 OODSHOP , Inc. All Rights Reserved

图 1-7　OOD SHOP 网站前台页面——新闻内容页 / 优越家具有限公司 / 2012

图 1–8 是 OOD SHOP 网站后台“产品资料管理”页面，在后台对应的输入区域编辑好需要发布的产品编号、名称、说明、尺寸、图片等一系列产品信息并发布后，即可在网站前台上“家具”的内容页上看到所发布的产品，如图 1–9 所示。

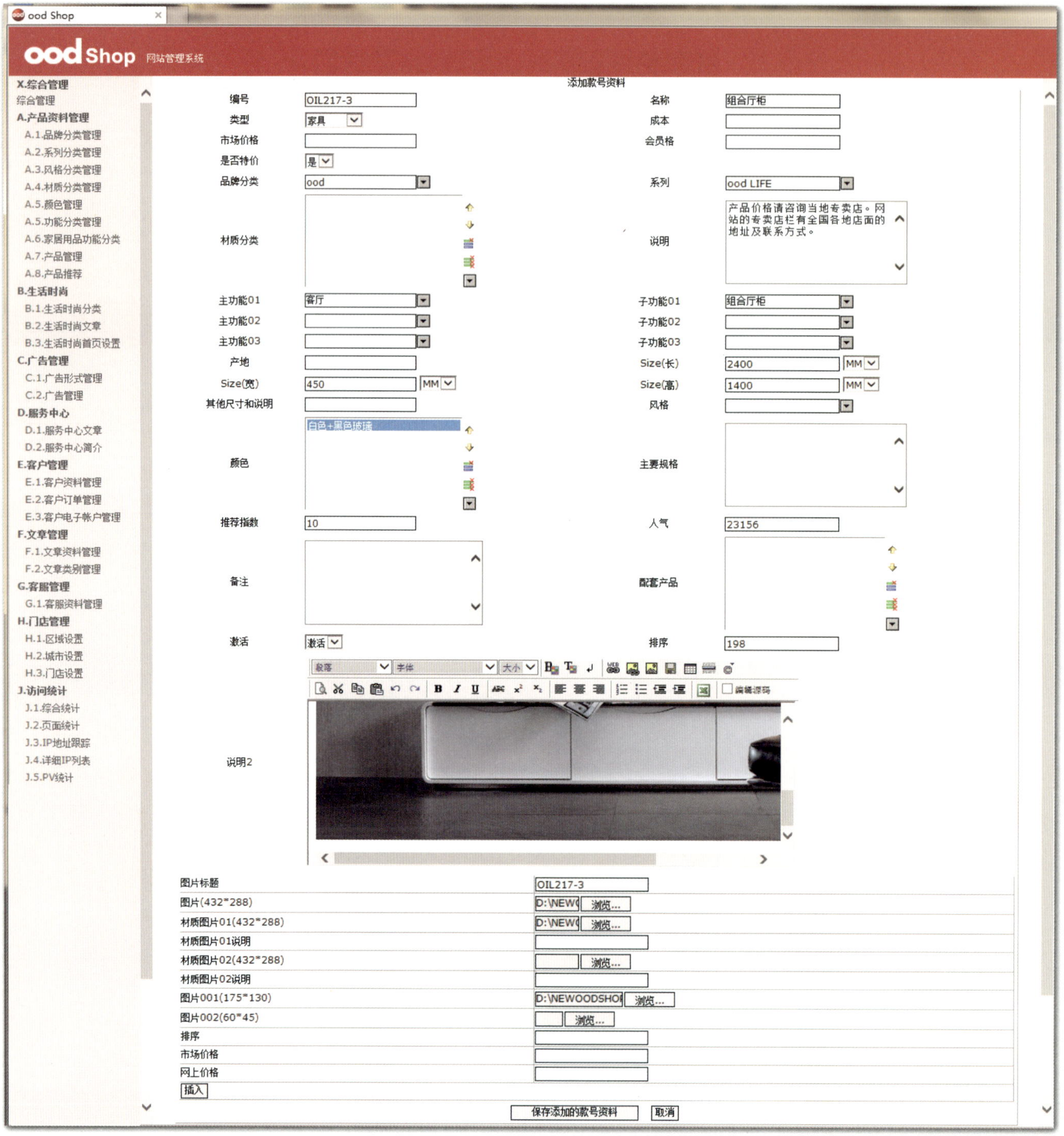

图 1–8 OOD SHOP 网站后台页面——产品资料管理 / 优越家具有限公司 / 2012

图 1-9 OOD SHOP 网站前台页面——产品展示页 / 优越家具有限公司 / 2012

3）网站服务器

网站服务器其实就是一台存放网站的电脑，通过HTTP协议把网站内容传给客户端（也就是网页浏览器）。HTTP协议工作在TCP/IP协议体系中的TCP协议上。TCP/IP协议是网络上的计算机之间交换信息的通用语言，就像我们说话用某种语言一样，在网络上的各台计算机之间也有一种语言，这就是网络协议。（图1–10）

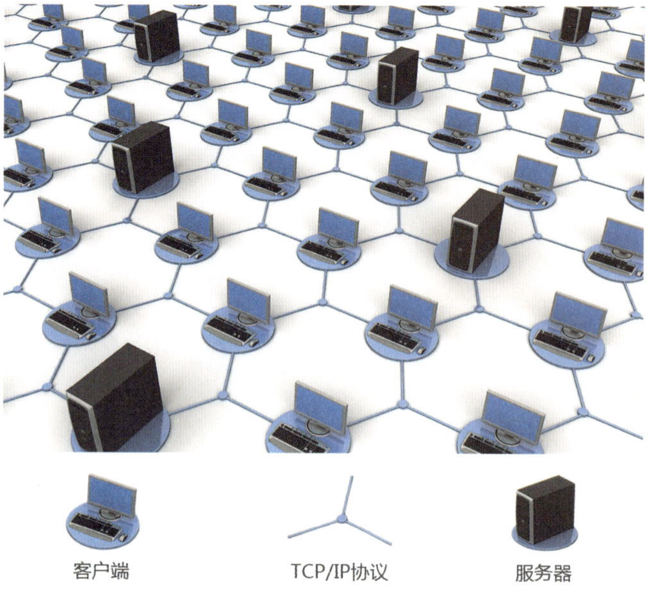

图1–10　互联网内关系示意图 / 李蓟宁 编辑 / 2013

服务器可以自建，也可以租用服务。要自建服务器，需要购置性能较好的服务器，建立空调环境、标准设施（例如24小时运作的机房空调系统、不间断电源系统等），也需要有专业技术人员进行日常维护。（图1–11）

图1–11　中小型服务器机房 / IBM服务器

随着网络资源服务市场的成熟，现在发展起来的共有三种基本网站系统方式：整机租用、虚拟主机以及服务器托管。

① 整机租用

整机租用是由服务商提供服务器，只能有一个客户或者是网站通过租用方式使用它，并且由服务商替客户进行管理维护。整机租用用户不必自己购买服务器，只需租用服务商的网络线路、自己选择服务器配置及服务应用软件，根据自己业务的需要，提出对服务器硬件配置的要求。用户只需按时交纳租用费即可。服务商负责该服务器硬件的基本配置和软件安装、日常维护和服务器故障的排除，使服务器能够正常运行。此种方式要求企业具有一定的经济实力，能够承担服务器的组建、线路租用以及后期维护费用。此方式也可称为“半自建”。

② 虚拟主机

虚拟主机是使用特殊的软硬件技术，把一台网站服务器划分为若干个“虚拟”的主机。每个虚拟主机都可以是一个独立的网站，可以具有独立的域名，具有完整的 Internet 服务器功能 (WWW、FTP、Email 等)。同一台主机上的虚拟主机之间是完全独立的，而且每一台虚拟主机和一台独立的主机 (采用服务器托管、专线上网等方式建立的服务器) 完全一样。好比我们的服务器是一栋楼房，虚拟主机只是我们租赁了其中的一个房间。

虚拟主机适合内容比较少、功能简单、访问量也不大的网站。虚拟主机成本低、利用率高，但也有缺点，比如有些服务商对网站流量有一定限制，这样当网站访问量较大时将无法正常访问，网站设计需要考虑服务商提供的功能支持，如数据库类型、操作系统等。

③ 服务器托管

服务器托管通常也称其为主机托管，是客户自备服务器硬件，自己安装软件，并把它放置在专门的服务器托管公司的机房，由客户自己进行维护，或者是由其他签约人员进行远程维护。服务商负责该机器能够连接到网络上，并在该机器当机时帮助其重启。

此类方式比较显著的特点就是客户可以使用自己的硬件服务器，也可选择自行提供软件系统或者由服务商来提供，享受专业的服务器托管服务，包括稳定的网络带宽、恒温、防尘、防火、防潮、防静电。网站建立后，企业拥有对网站服务器完全的控制权限，可自主决定运行的系统和从事的业务。

网站是采用哪种网站系统方式，需要根据网站的情况和预期发展状况进行综合考虑。（图 1–12）

图 1–12　万网虚拟主机型号 / 万网　/ 2013

4）网站备案

① 相关法律

网站备案是根据国家法律法规需要，网站的所有者向国家有关部门申请的备案，主要有ICP备案和公安局备案。为了规范互联网信息服务活动，促进互联网信息服务健康有序发展，根据国务院令第292号《互联网信息服务管理办法》和工信部令第33号《非经营性互联网信息服务备案管理办法》规定，国家对经营性互联网信息服务实行许可制度，对非经营性互联网信息服务实行备案制度。未取得许可或者未履行备案手续的，不得从事互联网信息服务，否则就属于违法行为。

② 网站备案流程

公安局备案一般按照各地公安机关指定的地点和方式进行。ICP备案可以通过当地电信部门或者通过在线备案两种方式来进行备案。

网站主办者对网站进行在线ICP备案，可以登录工信部官方备案网站http://www.miitbeian.gov.cn进行备案，也可以通过可信的接入商代为备案。工信部官方备案流程如下。

a. 网站主办者登录接入服务商企业侧系统

网站主办者进行网站备案时可有三种供选择的登录方式：

方式一：网站主办者登录部级系统，通过主页面“自行备案导航”栏目获取为网站提供接入服务的企业名单（只能选择一个接入服务商），并进入企业侧备案系统办理网站备案业务。

方式二：网站主办者登录住所所在地省局系统，通过主页面“自行备案导航”栏目获取为网站提供接入服务的企业名单（只能选择一个接入服务商），并进入企业侧备案系统办理网站备案业务。

方式三：网站主办者直接登录接入服务商企业侧系统。

b. 网站主办者登录接入服务商企业系统，自主报备信息或由接入服务商代为提交信息

网站主办者通过三种登录方式〈详见（1）〉登录到企业侧系统，注册用户——➤填写备案信息——➤接入服务商校验所填信息，反馈网站主办者。

网站主办者委托接入服务商代为报备网站的全部备案信息并核实信息真伪——➤接入服务商核实备案信息——➤将备案信息提交到省管局系统。

c. 接入服务商核实备案信息流程

接入服务商对网站主办者提交的备案信息进行当面核验：当面采集网站负责人照片；依据网站主办者证件信息核验提交至接入服务商系统的备案信息；填写《网站备案信息真实性核验单》。如果备案信息无误，接入服务商提交给省管局审核；如果信息有误，接入者在备注栏中注明错误信息提示后退回给网站主办者进行修改。

d. 网站主办者所在省通信管理局审核备案信息流程

网站主办者所在地省管局对备案信息进行审核，审核不通过，则退回企业侧系统由接入服务商修改；审核通过，生成的备案号、备案密码（并发往网站主办者邮箱）和备案信息上传至部级系统，并同时下发到企业侧系统，接入服务商将备案号告知网站主办者。

注：网站备案相关资料来源于中华人民共和国工业和信息化部官方备案网站。

3. 互联网的发展历程

1）互联网的发展历史

Internet最早起源于美国国防部高级研究计划署DARPA（Defence Advanced Research Projects Agency）的前身ARPAnet，该网于1969年投入使用。这项工程的目的是为了建立远距离之间点与点的通信，以便处理国家军事范围内的紧急事件，例如核战争。这项工程被命名为ARPAnet，它就是Internet的前身。由此，ARPAnet成为现代计算机网络诞生的标志。此工程的主要应用对象就是军事通讯，那些负责ARPAnet的工程师们当时也没有想到它将成为"Internet"。ARPAnet在技术上的另一个重大贡献是TCP/IP协议簇的开发和利用。作为Internet的早期骨干网，ARPAnet的试验奠定了Internet存在和发展的基础，较好地解决了异种机网络互联的一系列理论和技术问题。

1983年，ARPAnet分化为两部分，ARPAnet和纯军事用的MILNET。同时，局域网和广域网的产生和蓬勃发展对Internet的进一步发展起了重要的作用。其中最引人注目的是美国国家科学基金会NSF（National Science Foundation）建立的NSFnet。NSF在全美国建立了按地区划分的计算机广域网，并将这些地区网络和超级计算机中心互联起来。NFSnet于1990年6月彻底取代了ARPAnet而成为Internet的主干网。NSFnet对Internet的最大贡献是使Internet向全社会开放，而不像以前那样仅供计算机研究人员和政府机构使用。

随着NSF的建立，新的高速传输介质被成功地使用，在1988年，用户能通过56k的电话线上网。在那个时候有28 174台主机连入Internet。到了1989年有80 000台主机连入Internet。到1989年年末，就有290 000台主机连入了。1990年9月，由Merit，IBM和MCI公司联合建立了一个非盈利的组织先进网络科学公司ANS（Advanced Network & Science Inc.）。ANS的目的是建立一个全美范围的T3级主干网，它能以45Mbps的速率传送数据。到1991年年底，NSFnet的全部主干网都与ANS提供的T3级主干网相联通。

1995年，Internet开始大规模应用在商业领域。当年，美国Internet业务的总营收额为10亿美元。提供联机服务的供应商也从原先像America Online和Prodigy Service这样的计算机公司发展到像AT & T、MCI、Pacific Bell这样的通讯运营公司。随着Internet对商业应用的开放，它已成为一种十分出色的电子化商业媒介，带来了Internet发展史上一个新的飞跃。众多公司、企业不仅把它作为市场销售和客户支持的重要手段，而且把它作为传真、快递及其他通信手段的廉价替代品，通过它与全球客户保持联系和降低日常的运营成本。

Internet发展经历了研究网、运行网和商业网三个阶段，四十多年的发展历史。至今，全世界没有人能够知道Internet的确切规模。Internet正以当初人们始料不及的惊人速度发展。今天的Internet已不再只是计算机人员和军事部门进行科研的领域，而变成了一个开发和使用信息资源、覆盖全球的信息海洋。在Internet上，按从事的业务分类包括广告、航空、农业生产、艺术、导航设备、书店、化工、通信、计算机、咨询、娱乐、财贸、各类商店、旅游等100多类，覆盖了社会生活的方方面面，构成了一个信息社会的缩影。人们可以随时从网上了解当天最新的天气信息、新闻动态和旅游信息，可看到当天的报纸和最新杂志，可以足不出户在家里网上购物、收发电子邮件，享受远程医疗和远程教育等。当今世界正向知识经济时代迈进，信息产业已经发展成为世界发达国家新的支柱产业，成为推动世界经济高速发展的新的源动力，并且广泛渗透到各个领域，特别是近几年来国际互联网络及其应用的发展，从根本上改变了人们的思想观念和生产生活方式，推动了各行各业的发展，并且成为知识经济时代的一个重要标志之一。

2）中国互联网的现状

根据中国互联网络信息中心（CNNIC）2013年1月发布的第31次《中国互联网络发展状况统计报告》，2012年网民互联网应用状况基本保持上一年的发展趋势，即时通信作为第一大上网应用，网民使用率还在继续上升；电子商务类应用继续高速发展；电子邮件、论坛/BBS等老牌互联网应用使用率持续走低。

截至 2012 年 12 月，中国网站数量为 268 万，全年增长 38 万个，增长率为 16.8%。（图 1–13）

图 1–13　中国网站数量数据统计图 /
中国互联网络信息中心（CNNIC）/ 2012
注：数据中不包含 .EDU.CN 下网站

截至2012年12月月底，中国网页数量为1227亿个，比2011年同期增长41.7%。（图1–14）

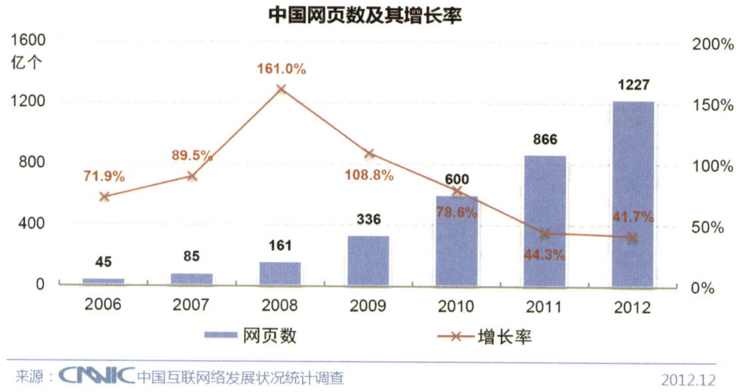

图 1–14　中国网页数量数据统计图 /
中国互联网络信息中心（CNNIC）/ 2012

据新华社报道，2012 年中国移动互联相关产业规模超过 9000 亿元，相当于 GDP 的 1.8%，增加值约 3200 亿元，对 GDP 的直接贡献达到 0.63%。2012 年移动互联网市场规模呈现高速增长态势。

2012年70.6%的网民通过台式电脑上网，相比2011年下降了近三个百分点。通过笔记本电脑上网的网民比例与2011年相比略有降低，为45.9%。手机上网的比例保持较快增速，从69.3%上升至74.5%。（图1–15）

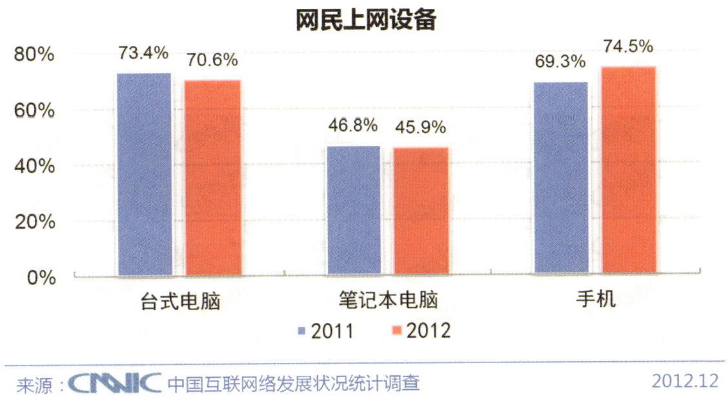

图1–15　中国网民上网设备数据统计图 / 中国互联网络信息中心（CNNIC）/ 2012

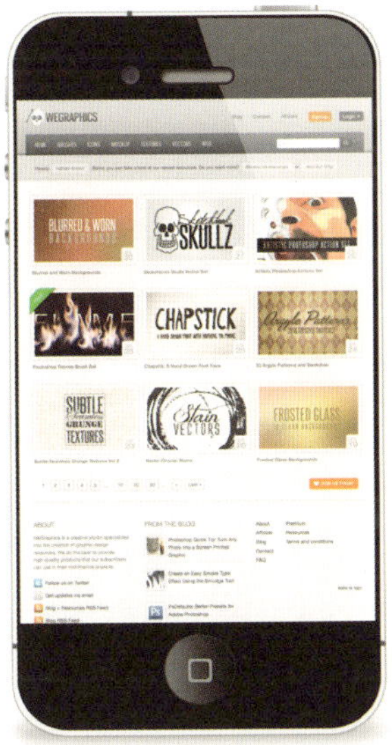

图1–16　http://wegraphics.net 图形资源网站手机浏览示意图 / 美国 / 2013

图1–17　http://oodlife.com 网站平板电脑浏览示意图 / 2013

3）网络媒体的发展趋势

① 互联网将出现更多基于云技术的服务项目

互联网专家们均认为未来的计算服务将更多地通过云计算的形式提供。据最近 Telecom Trends International 的研究报告表明，2015年前云计算服务带来的营业收入将达到455亿美元。国家科学基金会也在鼓励科学家们研制出更多有利于实现云计算服务的互联网技术，他们同时还鼓励科学家们开发出如何缩短云计算服务的延迟、提高云计算服务计算性能的技术。

② 计算机将不再是互联网的中心设备

未来的互联网将摆脱目前以计算机为中心的形象，越来越多的城市基础设施等设备将被连接到互联网上。据 CIA 公布的 2009 年版世界统计年鉴显示（CIA World Factbook 2009），目前连接在互联网上的计算机主机大概有 5.75 亿台。但据国家科学基金会预计，未来会有数十亿个安装在楼宇建筑、桥梁等设施内部的传感器将会被连接到互联网上，人们将使用这些传感器来监控电力运行和安保状况等。到 2020 年以前，预计被连接到互联网上的这些传感器的数量将远远超过用户的数量。

③ SoLoMo 将主导互联网

SoLoMo 这个词形容三种概念混合的产物，即：Social（社交的）、Local（本地的）、Mobile（移动的），连起来就是 SoLoMo。2010 年，中国手机用户数量达到了 7.38 亿，全球手机用户数量已经超过了 50 亿。2011 年 5 亿 Facebook 用户中有 2 亿为移动用户，活跃度远高于台式机用户。未来十年内，随着智能手机和平板电脑等移动终端的普及，移动互联网时代将全面到来。（图 1–16、图 1–17）

④ 互联网的用户数量将进一步增加，互联网将进入全民时代

目前全球互联网用户总量已经达到 17 亿左右，相比之下，全球的总人口数则为 67 亿。很显然，2020 年以前会有更多的人投身到互联网中。据国家科学基金会 (National Science Foundation) 预测，2020 年前全球互联网用户将增加到 50 亿。这样，互联网规模的进一步扩大便将成为人们构建下一代互联网架构的主要考量因素之一。

⑤ 互联网未来的发展趋势——本地化门户

随着互联网的快速发展以及互联网应用的日益丰富，人们的生活已变得越来越依赖互联网，从网上来获取各种关于本地生活资讯信息也已经成为了人们的习惯。作为人们获取本地生活资讯信息的主要渠道，本地化门户网站在近几年得到了快速的发展。

本地化门户是指整合本土信息的网络资源，更好地为当地网民服务的互联网门户网站。由于本地门户网站涉及的内容都是与人们生活息息相关的信息，这为其快速发展提供了巨大的用户市场和良好的发展环境，使得本地化门户行业保持着较快的速度发展。

⑥ 互联网将成为无线网络

目前移动宽带网的用户已经呈现出爆发式增长的迹象，据 Informa 公司统计，2009 年第二季度，全球移动宽带的用户数突破了 2.57 亿人。这表明 3G，WiMAX 等高速无线网络的普及率已经比去年同期增长了 85% 左右。近年来，亚洲地区是无线宽带网用户最多的地区，不过用户增长率最强劲的地区则是拉丁美洲地区。按 Informa 预计，到 2014 年，全球无线宽带网的用户数量将提升到 25 亿人左右。

⑦ 互联网在全球的分布状况将日趋分散

在接下来的 10 年里，互联网发展最快的地区将会是发展中国家。据互联网世界 (Internet World) 的统计数据：目前互联网普及率最低的是非洲地区，仅 6.8%；其次是亚洲 (19.4%) 和中东地区 (28.3%)；相比之下，北美地区的普及率则达到了 74.2%。这表明未来互联网将在地球上的更多地区发展壮大，而且所支持的语种也将更为丰富。同时表明，中国未来互联网的发展机遇和市场是非常庞大的。

4）网页设计技术发展历程

网页的设计与制作离不开技术的革新与发展，从最初的纯文本格式，到今天的多媒体多元化的网页，网页设计的技术发展已经走过了 20 多年。（图 1-18）

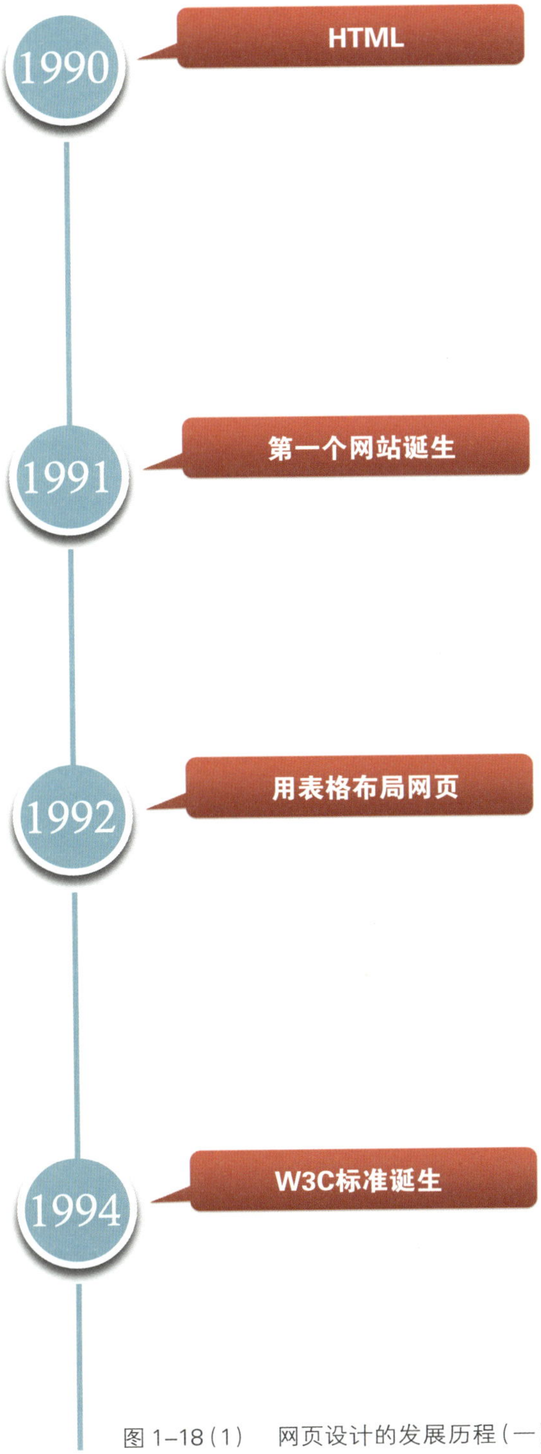

HTML 是由 WEB 的发明者 Tim Berners-Lee 和同事 Daniel W.Connolly 于 1990 年创立的一种标记式语言。它是标准通用化标记语言 SGML 的应用。用它的语法规则建立的文档可以运行在不同操作系统的平台上。HTML 文档属于纯文本文件，它能用任意的文本编写器书写。

Tim Berners-Lee 建立了世界上第一个网站——http://info.cern.ch/，它于 1991 年 8 月 6 日上网，它解释了万维网是什么，如何使用网页浏览器和如何建立一个网页服务器等。Tim Berners-Lee 后来在这个网站里列举了其他网站，因此它也是世界上第一个万维网目录。

表格布局为网页的创建提供了更多的选择，但却非常复杂。

W3C 标准不是某一个标准，而是一系列标准的集合。为解决 Web 应用中不同平台、技术和开发者带来的不兼容问题，保障 Web 信息的顺利和完整流通，万维网联盟制定了一系列标准并督促 Web 应用开发者和内容提供者遵循这些标准。标准的内容包括使用语言的规范、开发中使用的导则和解释引擎的行为等。W3C 也制定了包括 XML 和 CSS 等众多影响深远的标准规范。但是，W3C 制定的 web 标准似乎并非强制而只是推荐标准。因此部分网站仍然不能完全实现这些标准。特别是使用早期所见即所得网页编辑软件设计的网页往往会包含大量非标准代码。

图 1-18（1） 网页设计的发展历程（一）

JavaScript 是一种基于对象和事件驱动并具有相对安全性的客户端脚本语言。同时也是一种广泛用于客户端 Web 开发的脚本语言，常用来给 HTML 网页添加动态功能，比如响应用户的各种操作。

Flash 是由 macromedia 公司推出的交互式矢量图和 Web 动画的标准，由 Adobe 公司收购。网页设计者使用 Flash 创作出既漂亮又可改变尺寸的导航界面以及其他奇特的效果。Flash 的前身是 Future Wave 公司的 Future Splash，是世界上第一个商用的二维矢量动画软件，用于设计和编辑 Flash 文档。

Flash 一度在网页设计中大放异彩，但在 HTML5 的快速发展下，Flash 将逐步放弃受众较广的播放（浏览器插件）平台，转而集中在开发领域，其源文件通过 PhoneGap 可以直接转为 HTML5 跨平台发布。Adobe Flash 最新版本宣布支持 3D，3D 网页游戏将会是未来发展的趋势，也会是网页游戏的主流。Flash 已经定位在页游开发领域，尤其是 3D 高端网游为主的开发。

CSS 即层叠样式表（Cascading Stylesheet）。在网页制作时采用 CSS 技术，可以有效地对页面的布局、字体、颜色、背景和其他效果实现更加精确的控制。只要对相应的代码做一些简单的修改，就可以改变同一页面的不同部分，或者页数不同的网页的外观和格式。

PHP，是英文超文本预处理语言 Hypertext Preprocessor 的缩写，于 1994 年由 Rasmus Lerdorf 创建。PHP 是一种 HTML 内嵌式的语言，是一种在服务器端执行的嵌入 HTML 文档的脚本语言，语言的风格类似于 C 语言，被广泛地运用。它可以比 CGI 或者 Perl 更快速地执行动态网页。用 PHP 做出的动态页面与其他的编程语言相比，PHP 是将程序嵌入到 HTML 文档中去执行，执行效率比完全生成 HTML 标记的 CGI 要高许多；PHP 还可以执行编译后代码，编译可以达到加密和优化代码运行，使代码运行更快。

图 1-18（2） 网页设计的发展历程（二）

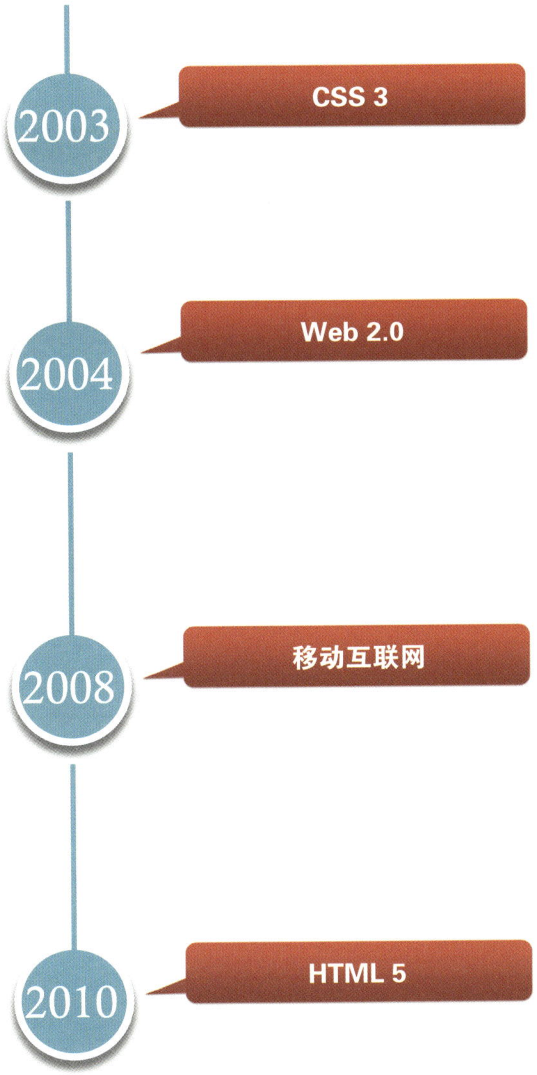

图 1–18（3） 网页设计的发展历程（三）

CSS3 是 CSS 技术的升级版本，CSS3 引进全新特点和功能，朝着模块化发展。

Web 2.0 的概念始于 2004 年出版社经营者 O'Reilly 和 MediaLive International 之间的一场头脑风暴论坛。Web 2.0是网络运用的新时代，网络成为了新的平台，内容因为每位用户的参与而产生，参与所产生的个人化内容，借由人与人（P2P）的分享，形成了现在 Web 2.0 的世界。

移动互联网，就是将移动通信和互联网二者结合起来，成为一体。移动通信和互联网成为当今世界发展最快、市场潜力最大、前景最诱人的两大业务，它们的增长速度都是任何预测家未曾预料到的，所以移动互联网可以预见将会创造经济神话。移动互联网的优势决定其用户数量庞大，截至 2012 年 9 月月底，全球移动互联网用户已达 15 亿。

HTML5 是用于取代 1999 年所制定的 HTML 4.01 和 XHTML 1.0 的 HTML 标准，现在仍处于发展阶段，但大部分浏览器已经支持某些 HTML5 技术。HTML 5 语言的网站能支持多终端访问，并且提供更丰富的嵌入式媒体体验。

人物记事

Tim Berners–Lee

Tim Berners–Lee(1955—) 被德国 Quardriga 奖推崇为 20 世纪最伟大的科学家之一。他发明了 WWW，让大家可以通过浏览器来分享文件；编写了 HTTP 协议、URL 等相关标准。他全力地维护 WWW 的公平与公开性，而且开放给全球分享，没有申请任何专利，对于今天互联网的普及与广泛应用功不可没。Tim Berners–Lee 一直坚守在学术研究岗位上，那种视富贵如浮云的胸襟，真正体现了一个献身科学的学者风度。

图 1–19 Tim Berners–Lee / 美国

第二节　课程的设计原则和评价标准

本课程是高职数字媒体专业的一门基础专业课程，通过本课程的学习与实训，要求学生掌握网页设计的基本方法，能够设计制作一些综合的静态网站，学生不但能够掌握网页设计与网站制作的专业知识和专业技能，还能够全面培养其团队协作、沟通表达、工作责任心、职业道德与规范等综合素质，使学生通过学习的过程掌握工作岗位所需要的各项技能和相关专业知识。

1. 课程的设计原则

针对高职学生善于动手、对实践性知识兴趣较浓的特点，以让学生既学到够用的理论知识，又学到实用的设计技能为目的，课程设计主要依据以下原则。

1）项目导向原则

提出以项目为导向，并不仅是说设计的“项目”，更是一种工作方法。项目是设计工作的中心环节，课程要把完成项目的流程，分解成一个一个关键环节，找到解决问题的具体方法，一旦找到可以使同类问题“迎刃而解”的代表性关键点，渗透在实践教学中，学生学习的过程就是学会“工作”的过程。实行项目导向，要考虑项目实施的可操作性，要有具体的要求、具体的指标，可以参照要求和指标进行课程的实施。

教学以完成实际网站制作项目为目标，按项目的工作过程组织教学，以多媒体实训室和多媒体工作室为主要学习场所，通过创设真实的工作情境，以实践教学为主，融“教、学、做”为一体，使学生通过具体的工作行动，经历一个完整的项目工作过程，在完成具体项目的过程中掌握网页设计的思路，学会网页制作的方法，并构建相关理论知识，发展职业能力。整个教学过程中，学生始终是教学的中心，教师兼有学习指导者、项目经理、客户代表等多重身份。

2）理论教学案例化原则

在理论教学中以引入实际案例为出发点，讲课时分以下几个具体步骤。

① 提出问题：首先展示实际案例，展开课堂讨论，引发学生思考。

② 分析问题：总结讨论结果，进行系统分析，引出知识模块，讲解基本理论。

③ 解决问题：将所讲的基本理论和知识模块引入案例，讲述解决问题的具体方法和步骤。

④ 应用举例：根据知识模块在案例中的应用，引导学生思考和联想，进行应用案例的设计。

采用上述案例驱动式教学方法，能够有效地调动学生学习的积极性，并能合理地将理论知识与实践应用有机结合起来，对学生的能力培养和专业技能的掌握都是非常重要的。

3）实践教学任务化原则

实践课程的实施，我们采用任务明确、步骤科学、时间安排具体的原则，具体过程如下。

① 布置实践课的任务，提出要求与工作时间表，强化学生实训的目的性。

② 提示实践课中要用到的基本理论和知识模块，并示意学生可参考《网页设计》教材中的操作步骤，提高学生实训的有效性。

③ 学生开始实践，主讲教师进行辅导、答疑，并随时强调应避免的共性问题。

④ 讲评实训结果，进行分析、评价、总结、提高。

4）多途径教学原则

针对高职学生学习的主动性、自觉性不足，学习情绪化较强，对感兴趣的东西学习积极性较高等特点，课程应该全方位激发学生兴趣，创设多种途径进行教学。可以将学习游戏、相互采访、记录等方式融入教学当中。

如：在教授网页中的图片处理——GIF 动画的做法时，先让每位同学在单色背景前做一个动作姿势（教师也不妨参与其中），用相机以固定的焦距拍照。然后让学生选择 10 位同学的照片，用 PHOTOSHOP 去背景并修改成适合 ImageReady 操作的格式与尺寸，再导入 ImageReady 里做成逐帧 GIF 动画。课后布置学生利用照片记录同学或自己的一个连贯动作（10 ~ 20 张），将其导入 ImageReady 里做成逐帧动画。学生在这个案例里不仅亲身参与，并且很轻松地完成了任务，掌握了制作 GIF 动画的技巧，更重要的是理解了制作逐帧动画在于连贯动作的组接处理，是制作动画的一个最基本的方式。（图 1–20）

图 1–20　GIF 动画逐个祯效果 / 李蓟宁 / 2010

2. 课程的评价标准

评价内容		好	一般	差
网页布局设计是否合理		网页布局兼具良好的功能性与设计美感	网页布局的功能性较好，比较具有设计美感	网页布局的功能性较差，没有设计美感
色彩搭配是否和谐		色彩搭配与网站主题相吻合，且效果和谐	色彩搭配效果和谐，但与网站主题不太吻合	背景与前文对比度不够大
网站浏览过程是否流畅		有适量动画贯穿在网站浏览过程中，页面链接安排合理，符合浏览习惯	无动画贯穿在网站浏览过程中，页面链接安排合理，符合浏览习惯	无动画贯穿在网站浏览过程中，页面链接不合理，不符合浏览习惯
页面元素的设计与编排	文字	文字内容充分且与主题密切相关，对文字进行了相应的格式设置	文字内容充分且与主题密切相关，对文字进行的格式设置有不恰当的地方	文字内容与主题不太吻合，没有对文字进行相应的格式设置
	图片	图片素材丰富且与主题密切相关，排版具有设计美感，图片文件尺寸控制得当	图片素材不够丰富，排版较具有设计美感，图片文件尺寸控制得当	图片素材不够丰富，排版没有设计美感，图片文件尺寸控制不当。存在图片无法显示的情况
	多媒体元素	选用适当且与主题相关的多媒体元素，既有音频也有视频	选用适当且与主题相关的多媒体元素，但只有音频和视频中的一种	出现多媒体元素不能正常播放的情况
整体效果是否美观		网站风格突出了网站主题，各种网页元素排列有序、紧凑，能很好地融合在一起表达主题	网站风格较符合网站主题，个别网页元素排列不够合理	出现页面元素排列混乱的情况

02 第二章　网页设计与实训

项目一　课程网站页面设计

项目二　小型网站设计

在了解了网页设计课程开设的背景和互联网的相关概念以及课程的设计原则和评价标准的基础上，我们开始进入到设计与实训阶段。本章主要围绕着两个由浅入深的网页设计实训展开，将相关知识点以及网页设计的基本技能和方法融入到设计与实训的过程中。

项目一　课程网站页面设计

一般院校都有很多课程需要制作网站，学院提供了操作后台与网站空间，网站页面可以选择模板，也可以自行设计。网页设计课程可以利用这个契机，把不同课程网站的页面设计引入到课堂中，作为一个页面设计的训练穿插在教学中。

1. 作业要求

课程概况

课题名称：课程网站页面设计

课题内容：3 ~ 5 个同学为一组，各自完成同一门精品课程网站首页和内页的页面设计与制作。

课题时间：16 课时

训练目的：由于课程网站的后台是一样的，所以对前台的要求在布局上是统一的，每门课程页面的切片必须是一样的，才能够很好地和后台对接，减少后台编辑程序人员的工作。这项工作有些像为网站后台开发页面模板，但不同的是每门精品课程的性质和门类都有各自的要求，比单纯地设计网站页面模板更有针对性。在同一种布局和框架底下，要设计出不同设计效果的页面，是这个项目的难点，也是训练点。

设计要求：

① 网页布局设计合理，美观和实用性并存。页面设计美观，色彩搭配和谐，字体设置合理，图片需针对网页进行处理，动画在网页中的运用恰当。

② 页面风格符合该门课程的性质。

③ 两个网页之间的设计风格统一，符合设计原理。

项目任务和时间安排：本项目根据制作流程安排了以下 3 个工作任务，具体安排如下表：

课程网站页面设计项目　任务与时间安排表		
时间安排	任务	具体步骤
1 天	任务 1　客户沟通与调研	1. 确定项目，与客户沟通网站页面要求
		2. 调查与研究同类网站页面设计
4 天	任务 2　网站页面设计	1. 页面布局分析
		2. 搜集与拍摄素材
		3. 首页面整体效果设计
		4. 顶栏文字编排设计
		5. 导航条设计
		6. 图标设计
		7. 优化网页中的图片
		8. 图片动画设计
		9. 首页整体效果调整
		10. 内页设计与调整
2 天	任务 3　作品发布与展示	1. 向客户提案与修改方案
		2. 作品课堂展示答辩

2. 设计案例

本章选择的设计案例都是经过实际操作、被采用并获得较高评价的案例，对学生完成该课题有一定的指导性。

1）企业作品案例

①《酒店督导管理实务》课程网站页面设计（图2-1）

图 2-1　《酒店督导管理实务》课程网站首页（左）、内页（右）/ 顺德职业技术学院 / 2010

②《园林规划设计》课程网站页面设计（图 2-2）

图 2–2 《园林规划设计》课程网站首页（左）内页（右） / 顺德职业技术学院 / 2013

2）学生作品案例

①《客房服务与管理》课程网站页面设计（图2–3）

图 2–3 《客房服务与管理》课程网站首页（左）内页（右） / 顺德职业技术学院 / 2013 / 指导教师 李蓟宁

②《生产与运作管理》课程网站页面设计（图2–4）

图 2–4 《生产运作与管理》课程网站首页（左）内页（右） / 顺德职业技术学院 / 2012 / 指导教师 李蓟宁

3. 知识点

1）网页版面设计

课程网站页面设计是一个入门的项目，设计一个网站的页面需要理解网页版面设计、网站导航栏设计、网页中的文字设计与使用、网页色调设计、网页中多媒体的使用这五个部分的基础内容。

① 网页版面设计的基本概念

网页是计算机技术和多媒体技术实际应用的产物，因此，网页同时具备计算机技术和多媒体技术的基本功能。其主要功能包括：展示功能、超链接功能、检索功能以及统计和计算功能等，浏览者在网页的版面上操作使用这些功能。所以在网页设计中，版面设计占的比重非常大，可以说版面的好坏直接决定页面的成败，它既是网站的功能表现所在，也是网页视觉识别的基础。网页版面需要根据特定的主题和内容，把文字、图形图像、动画、视频、色彩等信息传达要素界定在一个范围内，有机地、有秩序地、艺术性地组织在一起。由于网页是通过计算机的显示通道与人们交流的，从平面设计的角度来看，每个网页页面就是一个版面，可以利用平面设计理念对其进行设计。但是，网页毕竟是计算机技术和多媒体技术的产物，具有某些一般版面所没有的特点和性质，其主要表现在以下几个方面。

a. 版面尺寸规范化

网页版面不同于报纸、杂志等版面的设计，它是动态的、变化的版面。一个网站的页面采用何种分辨率的尺寸为标准，取决于主流用户群的显示器屏幕的分辨率尺寸。

国内知名第三方数据统计分析服务提供商 CNZZ 对国内网民上网终端分辨率进行统计分析，报告选取中国网民上网行为数据进行分析，数据覆盖 90% 以上的中国网民。2013 年 3 月的数据显示，中国网民上网终端分辨率从使用率来看，中国网民电脑屏幕设置的分辨率主要有 1366x768、1440x900、1024x768。具体份额情况如图 2–5 所示。

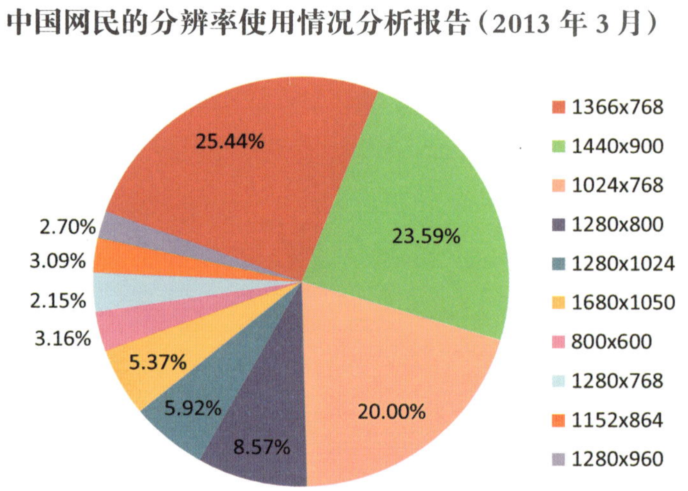

图 2–5　中国网民的分辨率使用情况分析报告 2013 年 3 月数据图 / CNZZ

1366x768 份额占比达 25.44%；1440x900 紧随其后，份额占比为 23.59%；1024x768 份额占比在 20.00%；800x600 份额仅占 3.16%。其余份额均为高于 1024x768 的分辨率所占有。

这些年来，网页设计常用的屏幕分辨率尺寸主要是 1024 像素 ×768 像素。最保守而最有兼容性的一屏大小是：779×432（基于 800×600 像素屏幕分辨率的 IE6.0 浏览器），最广泛的一屏大小是：1003×600 像素（基于 1024×768 像素屏幕分辨率的 IE6.0 浏览器）（图 2–6）。

“一屏”指绝大部分用户的浏览器显示网页的有效可视区域。一屏的计算环境是 Windows XP 和浏览器均处于默认样式。由于 IE 无论是否超过一屏都存在纵向滚动条的位置，Firefox 和 Opera 等浏览器在页面超过一屏的时候出现纵向滚动条，且浏览绝大部分网页都有纵向滚动条的存在，所以一屏大小的计算都基于浏览器有纵向滚动条的状态下。

图 2-6　网站基于 1024×768 像素分辨率显示下在 IE9.0 浏览器浏览的有效显示区域示意图

（红框内为有效显示区域）/ www.zcool.com.cn

b. 内容媒介形式的多样化

报纸、杂志、宣传册等传统的平面媒体排版的内容主要是文字、图形、图片等平面资料。电视、互联网等立体媒体的内容除了有文字、图形、图片以外，还有动画、视频、音频、互动等多维度的信息传递媒体。信息涵盖量大，传播能力强。

c. 有限的界面颜色数量

早期的网站，由于大部分电脑的色彩显示是 8 位的，只能支持 256 种颜色。所以，在终端显示设备、操作系统、显示卡以及浏览器等不同的情况下，即使是一模一样的颜色，也会有不同的显示效果。这是由于不同的系统使用不同的调色板，网络浏览器也有各自的色板，碰到哪些它没有的色彩，会用最为相似的颜色来代替，造成色彩的失真。最早使用互联网的一些发达国家花费了很长的时间探索这一问题的解决方法，终于发现了 216 网页安全色彩。216 网页安全色是指在不同的硬件环境、不同的操作系统、不同浏览器中都能够正常显示的色彩集合，也就是说在任何浏览用户显示设备上都能显示相同效果的色彩。使用 216 网页安全色彩进行网页配色可以避免色彩失真问题。216 网页安全色彩，不需要特别记忆，很多常用的网页设计软件中都已携带有 216 网页安全色彩调色板。

随着科技与硬件的发展，现在大部分的电脑色彩显示都已经达到 32 位，发色数是 1677 万多色，所以现在的网页设计已经几乎可以忽略网络安全色的限制了。但如果用户有可能使用的是 8 位的显示器，那么还是要考虑使用网络安全色。

d. 具有可操作性与互动性

网页设计最大的特点在于它的可操作性与互动性。网页拥有滚动条下拉、按钮链接跳转等多样化的浏览信息方式，信息之间的串联性丰富，用户选择信息的自由度大。网页的版面会因为用户不同的操作而发生不同的变化。所以网页的版面设计除了要考虑美观、视觉流程舒适等外在因素外，还要考虑网页需要为用户提供更人性化、更便捷、更易领会与操控的功能因素。

② 网页版面分解

把页面的各个部分按性质分解，主要可以分为：网站标志、导航栏、内容、页脚、留白。（图2–7）

网站标志
导航栏
内容
页脚
NOSOTROS
HOME
ABOUT
WORK
BLOG
CONTACT
ESPAÑOL
Goodbye Fancypants Agency. Hello Nosotros.
We're an experienced team of down-to-earth people. We make great websites and unforgettable brands.
wembé
As Close as You'll Ever Get to Nature (without getting bitten by mosquitoes)
SIX MAJOR MILESTONES
So how do we do it? We believe that teams perform best when they have a clear set of directions. Our six-milestone process acts as a roadmap for your project, making us all faster and more efficient. The result? A happy team, and even happier clients.
1. Discover
2. Plan
3. Invent
4. Build
5. Deploy
6. Manage & Grow
OUR CLIENTS
DEAR TWITTER
NOSOTROS ON VIDEO
BOTTOM LINE

图 2–7　网页版面分解示意图 / NOSOTROS 设计公司网站 / www.nosotroshq.com / 巴拉圭

网站标志

标志是代表特定事物或机构，具有某种特殊含义或象征意义的符号，是传递信息的视觉语言。网站标志就好像是网站的商标，有其独特的识别性和显著性。（图2–8、图2–9）关于网站标志的作用、好的网站标志应具备的条件和网站标志的表现形式等相关内容，将在本章的知识点“2）网站标志”小节中有详细的讲述。

图 2–8　facebook 社交网站标志 / 美国

图 2–9　谷歌搜索引擎网站标志 / 美国

导航栏

导航栏是网站设计中最重要的元素，是网站的“菜单”。导航栏可以说是一个工具，浏览者使用这个工具就能够非常清晰地掌握网站的大体结构，访问网站里的各部分的内容。由于用户很难在没有导航的情况下去浏览一个网站里的内容，这就好比在高速公路上行驶的时候没有路牌，则无法定位与决定前行的方向，因此一个设置合理的导航栏能令访客便利地浏览到目标内容，有效地提升用户的稳定感。（图2–10）

图 2–10　索尼中国网站导航栏 / www.sonymobile.com/cn / 日本

页脚

网站页脚是位于一个网站网页的最底下部分，页脚虽然在整个网站中占有的比例非常小，但是它对树立网站形象却非常有用。简单讲，网站底部内容的真实性、可信度、发展性以及导航的便捷性是基础，而更高层次的要求是，是否考虑用户的隐私权保护问题、是否考虑著作权保护问题等。这些方面的内容将会对专业化的和高层次的用户产生很大的影响，如果非常粗糙，多数用户是不会完全信任网站的。

近年来，网站的页脚已不仅仅是网站底部显示版权信息和附加链接的简单区域了，一个比较有意思的网页设计趋势就是给精美的页面配上更吸引人的页脚。越来越多的设计者已经意识到，一个精心设计的页脚不仅能使网站页面产生良好的视觉效果，而且也能更好地提升网站的易用性和互动性。（图2–11）

图 2–11　Meandoli 网站页脚栏示意图 / www.meandoli.com / 美国

内容

一个网站的成功与否，起到决定性因素的是内容，网站内容为王，网站版面的核心是页面内容。网站的内容是网站访客停留时间长短的决定要素，内容空泛的网站，访客会匆匆离去；只有内容充实丰富的网站，才能吸引访客细细阅读。

留白

版面设计中的空白处是指版面中没有图形或文字的部分。很多新手在设计网页的时候总觉得要用表格、文字，或用图形、图片把整个页面都撑满。网页就像一个房间，如果里面挤满了人，就连呼吸都觉得困难，所以，要给页面留有“呼吸”的空间。有时候，适当的留白不仅能架构页面的平衡，还能巧妙地留有想象空间，给观者一种美的享受。（图 2–12）

图 2–12　邵岩官网首页 / www.shaoyan.cn

③ 网站版面布局的基本类型

网站版面布局基本类型包括：骨骼型、上下分割型、左右分割型、中轴型、曲线型、倾斜型、视觉中心型、重复型、自由型、四角型和满版型等。

骨骼型

网页布局中常见的骨骼式布局有三栏、左栏、右栏、顶栏。骨骼型版面布局有规范、理性的分割版面的方法，图片和文字的编排上严格按照骨骼比例进行编排配置，给人以严谨、和谐、理性的美。

骨骼型——左栏

左栏布局是一种由来以久的布局形式，版面主要分为左右两块，左侧较窄，右侧较宽，很多网站都适用这种模式。（图 2–13）

图 2–13　Philiphousenyc 网站首页 / www.philiphousenyc.com / 美国

骨骼型——右栏

右栏布局与左栏布局一样，版面主要分为左右两块，右侧较窄，左侧较宽，是新闻和社会类的网站常用的模式。（图 2–14）

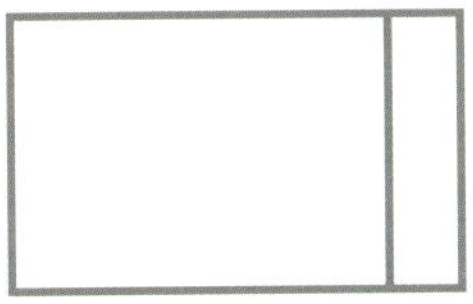

moradito
Lo esencial al corazón — Dado que "Lo esencial es invisible a los ojos" y "Ojos que no ven, corazón que no siente". ¿Hay manera de que lo esencial esté relacionado al corazón? 2
Si verguenza es robar — Verguenza ajena es que robe otro 0
Improvisación — Una tarde se me acercó un delincuente y tuvimos la siguiente conversación mientras me mostraba su revólver. — Dame la billetera — No la tengo, se la di a un señor en la otra cuadra. El malviviente se fue y yo seguí mi camino. A pesar de lo ridículo de la situación esto verdaderamente pasó. 4
Las que tienen membrillo — Una fiesta a las 5AM es como el final de un paquete de galletitas surtidas. Quedan las más feas pero ya es tarde para hacerse el exquisito. 1
A escala
SAB.22.01.2011.22:00
Hoy escuche al pasar a alguien que decía "una vez que la tenes boca y la masticaste un poco ya no sabes si era una pizza o una pizzeta ni tampoco te interesa". Supuse que se estaba fundamentando por haberse culeado a una enana.
1
Mi blog que uso a modo de anotador de ideas y que en un momento pensé que a alguien le podría llegar a interesar
TOUR GUIADO
Desplazate por el contenido del blog utilizando estas teclas:
J Siguiente K Anterior
TE PUEDO OFRECER ESTO
Hace más de dos años que escribo este blog y entre tantas tonterías creo que tuve algunos minutos de inspiración y he abordado algunos temas en profundidad. Tal vez te interese leer los siguientes textos:
Mi viejo, Ser un nene, Saber leer el mensaje, Remedio para la

图 2–14　Moradito 网站首页 / moradito.com.ar / 阿根廷

骨骼型——顶栏布局

顶栏布局是一种很常用的网页布局形式，导航集中在页面顶端，占据整个页面的宽度。顶端以下部分可按内容延长。（图 2–15）

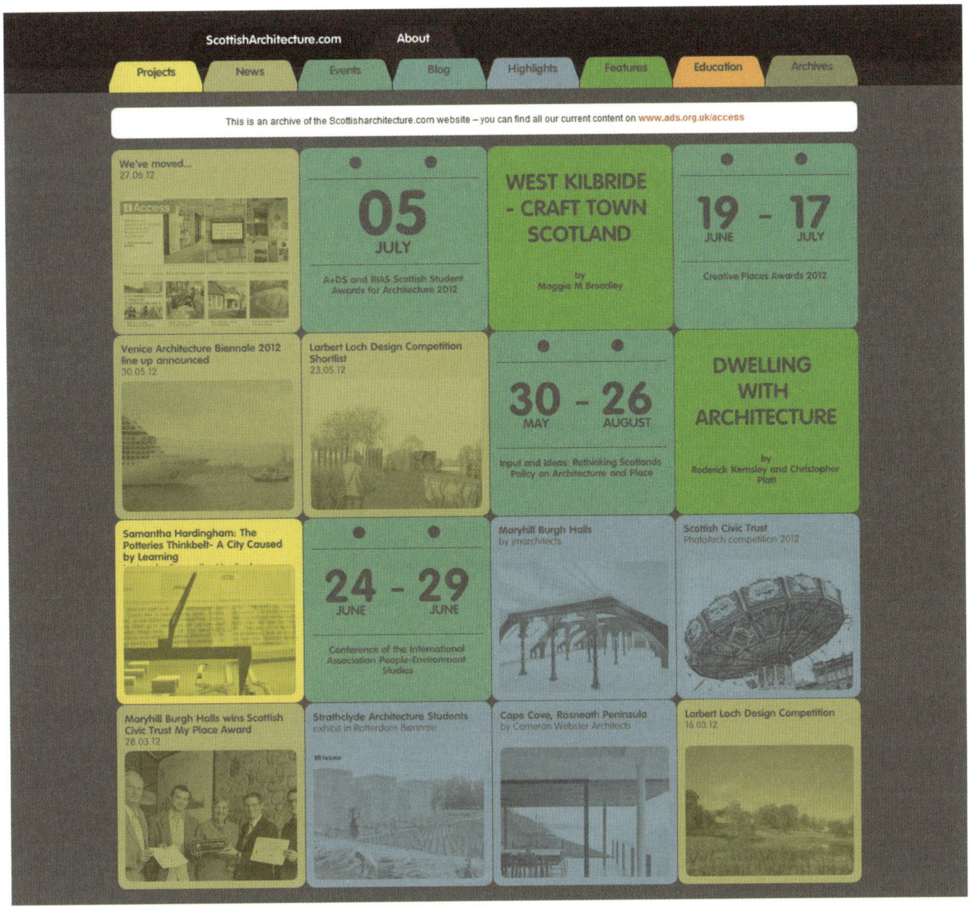

ScottishArchitecture.com
About
Projects
News
Events
Blog
Highlights
Features
Education
Archives
This is an archive of the Scottisharchitecture.com website – you can find all our current content on www.ads.org.uk/access
We've moved...
05
JULY
A+DS and RIAS Scottish Student Awards for Architecture 2012
WEST KILBRIDE - CRAFT TOWN SCOTLAND
by Maggie M Broadley
19 - 17
JUNE
JULY
Creative Places Awards 2012
Venice Architecture Biennale 2012 line up announced
Larbert Loch Design Competition Shortlist
30 - 26
MAY
AUGUST
Input and Ideas: Rethinking Scotlands Policy on Architecture and Place
DWELLING WITH ARCHITECTURE
by Roderick Kemsley and Christopher Platt
Samantha Hardingham: The Potteries Thinkbelt- A City Caused by Learning
24 - 29
JUNE
JUNE
Conference of the International Association People-Environment Studies
Maryhill Burgh Halls
Scottish Civic Trust
Maryhill Burgh Halls wins Scottish Civic Trust My Place Award
Strathclyde Architecture Students
Cape Cove, Rosneath Peninsula
Larbert Loch Design Competition

图 2–15　Ads 网站首页 / ads.org.uk / 英国

顶栏布局常常需要结合左栏或右栏布局一起使用。（图 2–16、图 2–17）

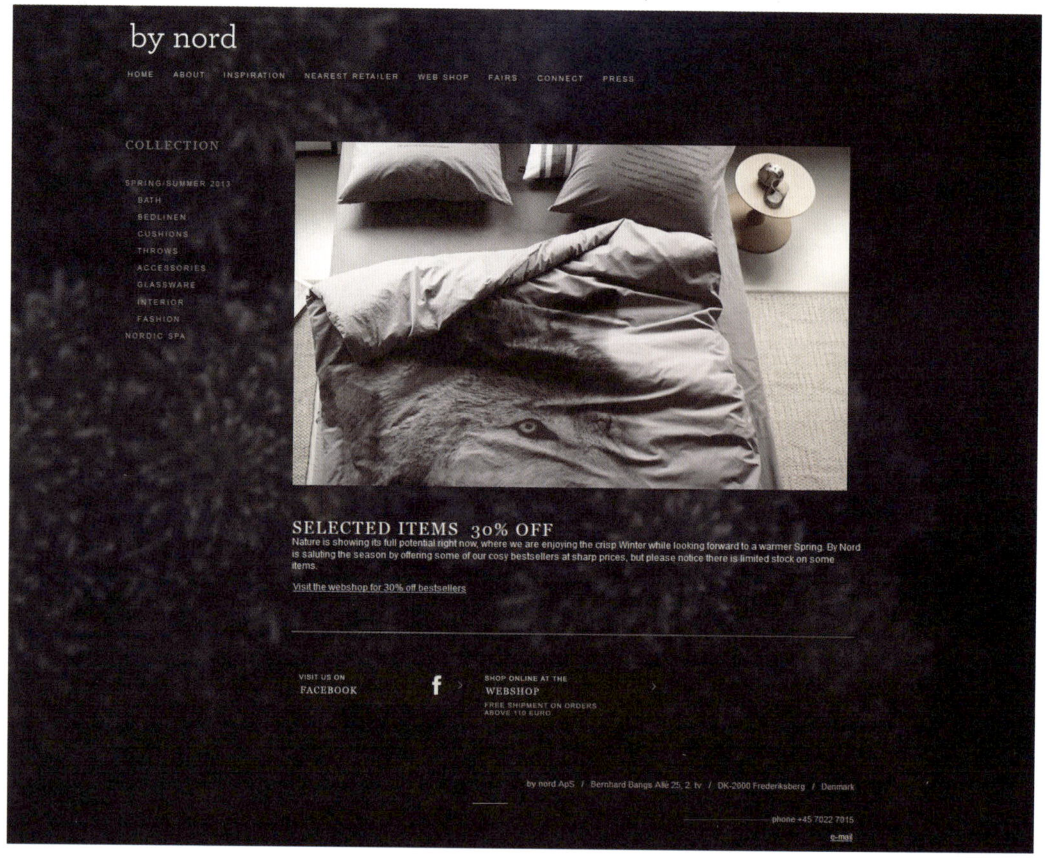
by nord
HOME
ABOUT
INSPIRATION
NEAREST RETAILER
WEB SHOP
FAIRS
CONNECT
PRESS
COLLECTION
SPRING/SUMMER 2013
BATH
BEDLINEN
CUSHIONS
THROWS
ACCESSORIES
GLASSWARE
INTERIOR
FASHION
NORDIC SPA
SELECTED ITEMS 30% OFF
Nature is showing its full potential right now, where we are enjoying the crisp Winter while looking forward to a warmer Spring. By Nord is saluting the season by offering some of our cosy bestsellers at sharp prices, but please notice there is limited stock on some items.
Visit the webshop for 30% off bestsellers
VISIT US ON
FACEBOOK
SHOP ONLINE AT THE
WEBSHOP
FREE SHIPMENT ON ORDERS ABOVE 110 EURO
by nord ApS / Bernhard Bangs Alle 25, 2. tv / DK-2000 Frederiksberg / Denmark
phone +45 7022 7015
e-mail

图 2–16　Bynord 网站内页 / bynord.com / 美国

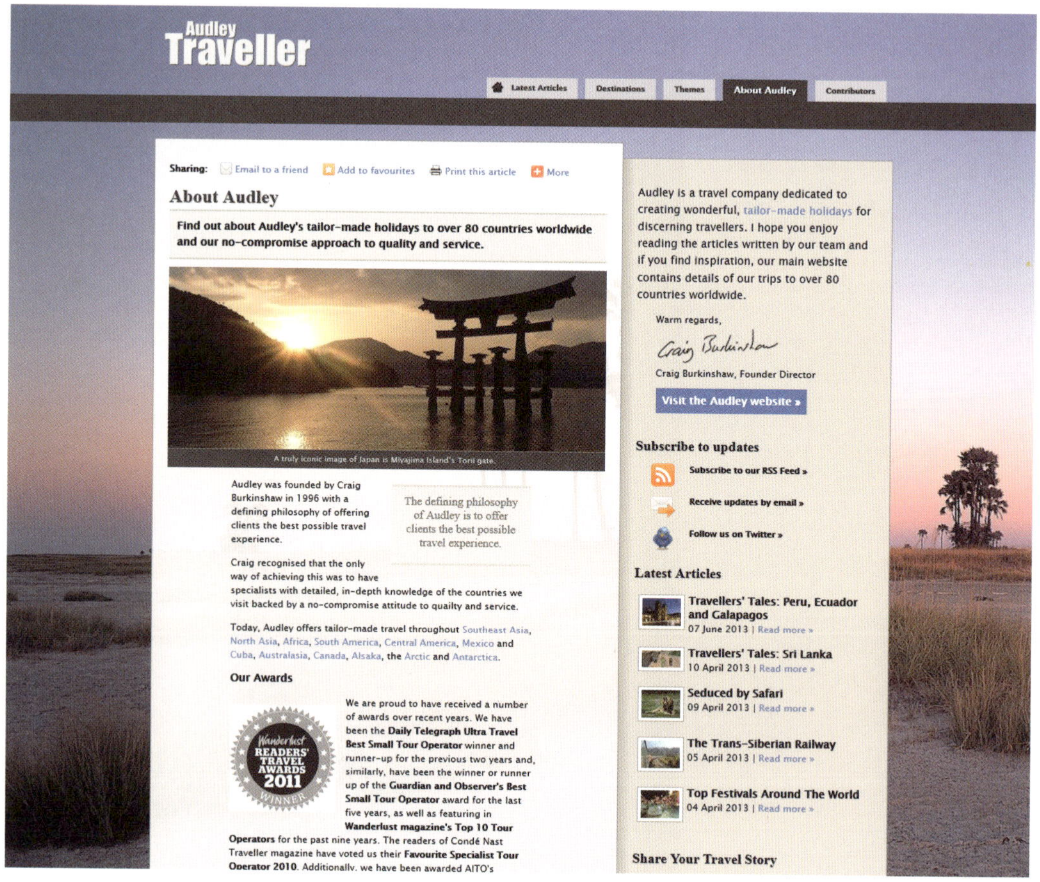
Audley
Traveller
Latest Articles
Destinations
Themes
About Audley
Contributors
Sharing:
Email to a friend
Add to favourites
Print this article
More
About Audley
Find out about Audley's tailor-made holidays to over 80 countries worldwide and our no-compromise approach to quality and service.
A truly iconic image of Japan is Miyajima Island's Torii gate.
Audley was founded by Craig Burkinshaw in 1996 with a defining philosophy of offering clients the best possible travel experience.
The defining philosophy of Audley is to offer clients the best possible travel experience.
Craig recognised that the only way of achieving this was to have specialists with detailed, in-depth knowledge of the countries we visit backed by a no-compromise attitude to quality and service.
Today, Audley offers tailor-made travel throughout Southeast Asia, North Asia, Africa, South America, Central America, Mexico and Cuba, Australasia, Canada, Alsaka, the Arctic and Antarctica.
Our Awards
Wanderlust READERS' TRAVEL AWARDS 2011 WINNER
We are proud to have received a number of awards over recent years. We have been the Daily Telegraph Ultra Travel Best Small Tour Operator winner and runner-up for the previous two years and, similarly, have been the winner or runner up of the Guardian and Observer's Best Small Tour Operator award for the last five years, as well as featuring in Wanderlust magazine's Top 10 Tour Operators for the past nine years. The readers of Condé Nast Traveller magazine have voted us their Favourite Specialist Tour Operator 2010. Additionally, we have been awarded AITO's
Audley is a travel company dedicated to creating wonderful, tailor-made holidays for discerning travellers. I hope you enjoy reading the articles written by our team and if you find inspiration, our main website contains details of our trips to over 80 countries worldwide.
Warm regards,
Craig Burkinshaw, Founder Director
Visit the Audley website »
Subscribe to updates
Subscribe to our RSS Feed »
Receive updates by email »
Follow us on Twitter »
Latest Articles
Travellers' Tales: Peru, Ecuador and Galapagos
07 June 2013 | Read more »
Travellers' Tales: Sri Lanka
10 April 2013 | Read more »
Seduced by Safari
09 April 2013 | Read more »
The Trans-Siberian Railway
05 April 2013 | Read more »
Top Festivals Around The World
04 April 2013 | Read more »
Share Your Travel Story

图 2–17　Audleytravel 网站内页 / www.audleytravel.com / 英国

骨骼型——三栏布局

三栏布局是目前最常见的网页布局，主要页内容放在中间一栏，边上的两栏放置导航链接之类的内容。基本布局一般是标题之下放置三栏，三栏占据整个页面的宽度，最后在页的底端放置页脚，页脚也占据整个页面宽度。（图 2–18）

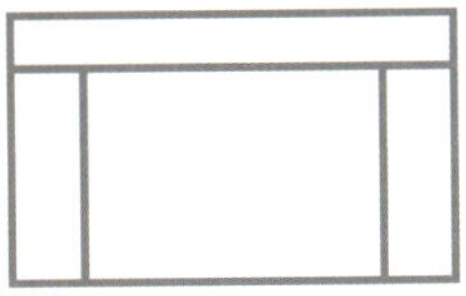

图 2–18　Louisvuitton 网站内页 / www.louisvuitton.eu / 法国

九宫格布局法

设计初期总是需要绘制大量的草图，来决定一个页面究竟选择哪种布局。九宫格布局法是一个决定用骨骼型来布局页面后，快速布局的方法。首先，绘制一个矩形，纵向和横向都平均分成 3 分，各画 2 条线，这就形成了一个九宫格。接下来就可以在这九个格子里进行布局。图 2–19~ 图 2–22 是根据九宫格布局法设计的同一主题不同的布局安排。这些初始的草图可以让设计者很快地看到网站整体的布局，以便于进一步细化。

图 2–19　九宫格布局安排一 / 李蓟宁

图 2–20　九宫格布局安排二 / 李蓟宁

图 2-21　九宫格布局安排三 / 李蓟宁

图 2-22　九宫格布局安排四 / 李蓟宁

上下分割型

页面分成上下两部分，分别配置文字和图片。（图 2-23）

图 2-23　Bellchef 餐厅网站首页 / www.bellchef.com.br / 巴西

左右分割型

页面分割为左右两部分，分别配置文字和图片。（图 2-24）

图 2-24　MEALINGS 设计团队网站内页 / themealings.com.au / 澳大利亚

中轴型

将图形作水平方向或垂直方向排列，水平排列的页面，给人稳定、安静、平和与含蓄之感。垂直排列的页面，给人强烈的动感。

近年有很多网页采取单页式的设计，能呈现出各种创意的滚动效果。单页网站技术多用于作品集、设计工作室、移动应用程序和着陆页面等只需要显示一部分信息的场合。单页式的网站由于其特殊的浏览方式，有很多都是采用中轴型的排列。图 2–25、图 2–26 为设计师 Basil Gloo 的个人网站，就是采用中轴垂直排列的一页式网站。

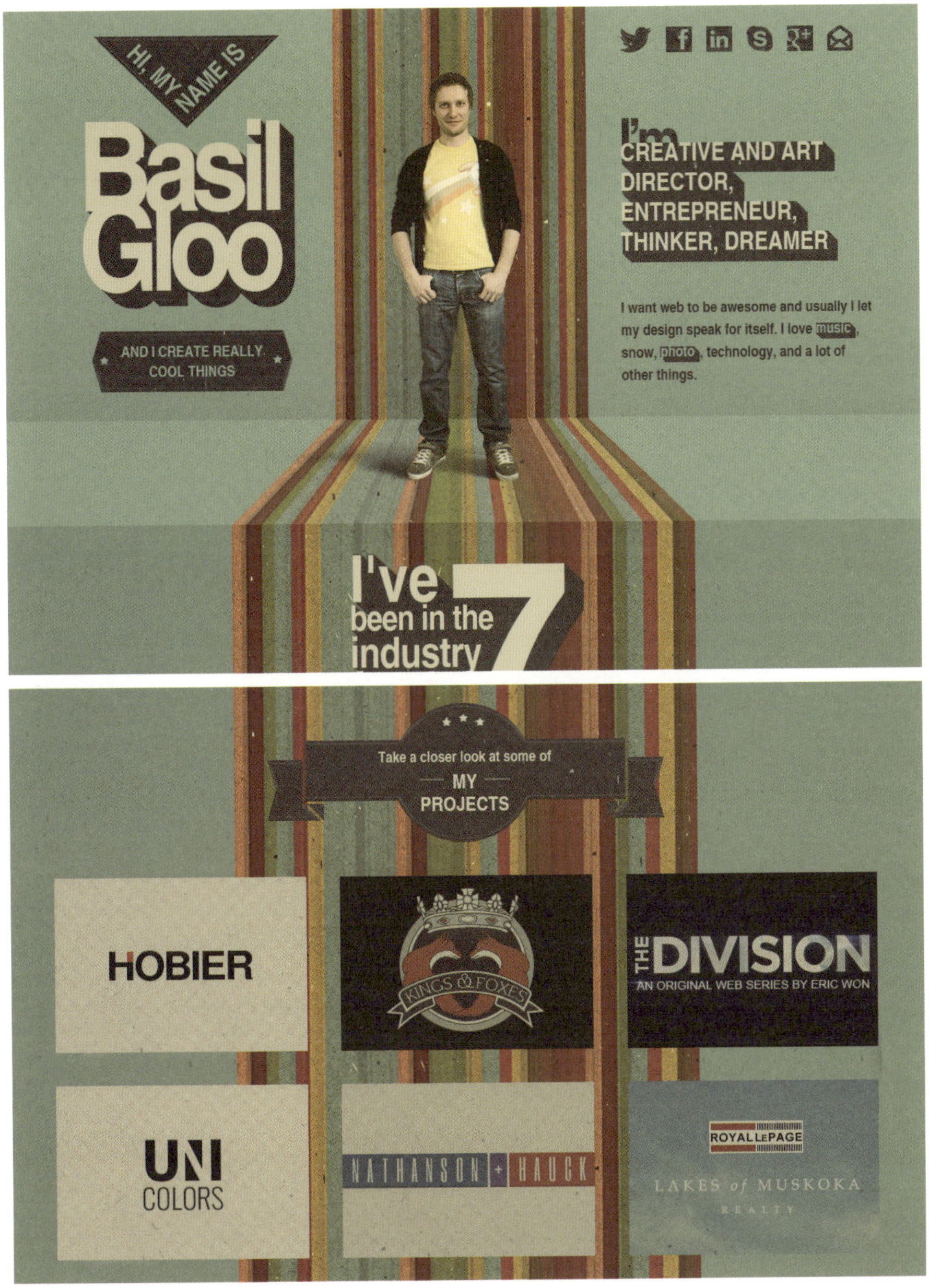

▲图 2–25　设计师 Basil Gloo 网站页面 / www.danielhopwood.com / 美国

▶图 2–26　设计师 Basil Gloo 网站整站效果 / www.danielhopwood.com / 美国

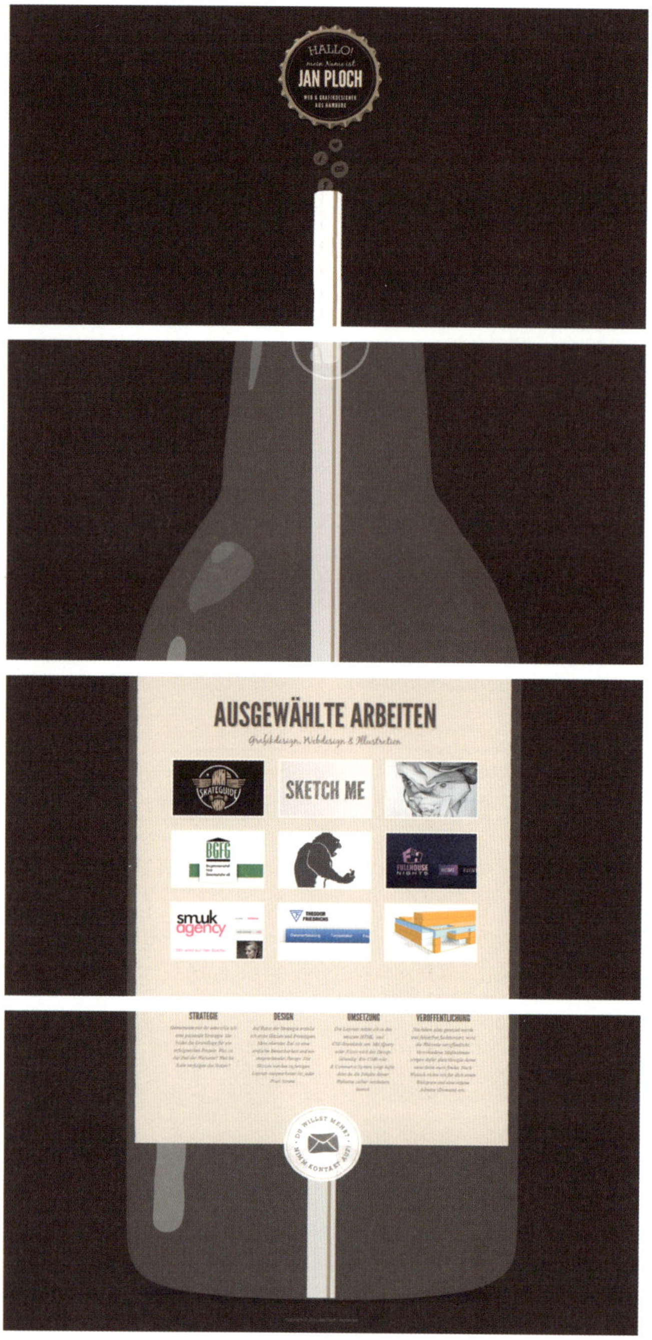

图 2-27　Janploch 网站页面 /janploch.de / 德国

图 2-28　Janploch 网站整站效果 /janploch.de / 德国

再如图2-27、图2-28，一页式网站Janploch的页面随着浏览器拉条的纵向拖动而变化，整个网站的浏览过程就像在享受一瓶有趣的饮品。

倾斜型

页面主体形象或多幅图像作倾斜编排，形成版面强烈的动感和不稳定感，引人注目。（图2-29、图2-30）

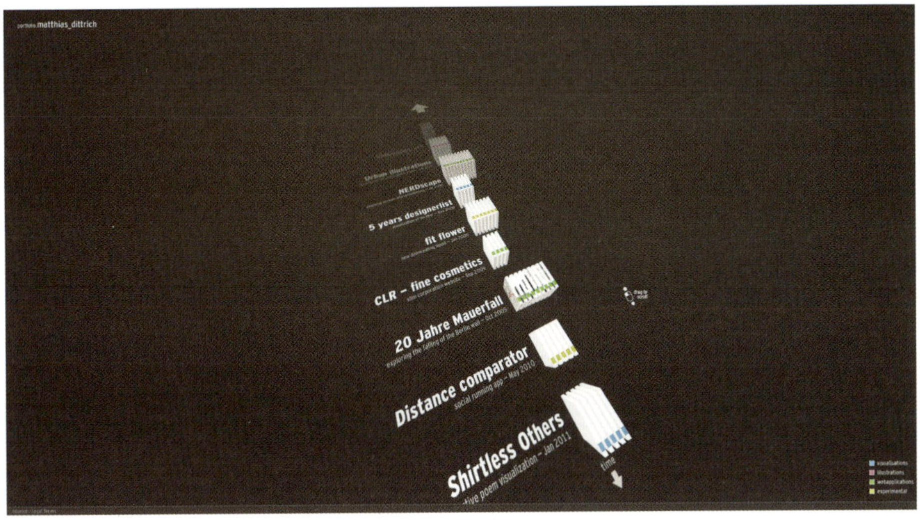

图 2-29 Matthias Dittrich 个人网站首页 / www.matthiasdittrich.com / 荷兰

图 2-30 Loyselstoy 网站内页 / www.loyselstoy.com / 澳大利亚

视觉中心型

视觉中心型的布局目的是产生激烈而突出的视觉焦点，强调页面的视觉效果。（图 2-31）

视觉中心型布局有主要有三种类型。

a. 直接以独立而轮廓清楚的形象占领版面中心。

b. 向心：视觉元素做向版面中心靠拢的运动。

c. 离心：犹如将石子投入水中，产生一圈圈向外扩散的弧线运动。

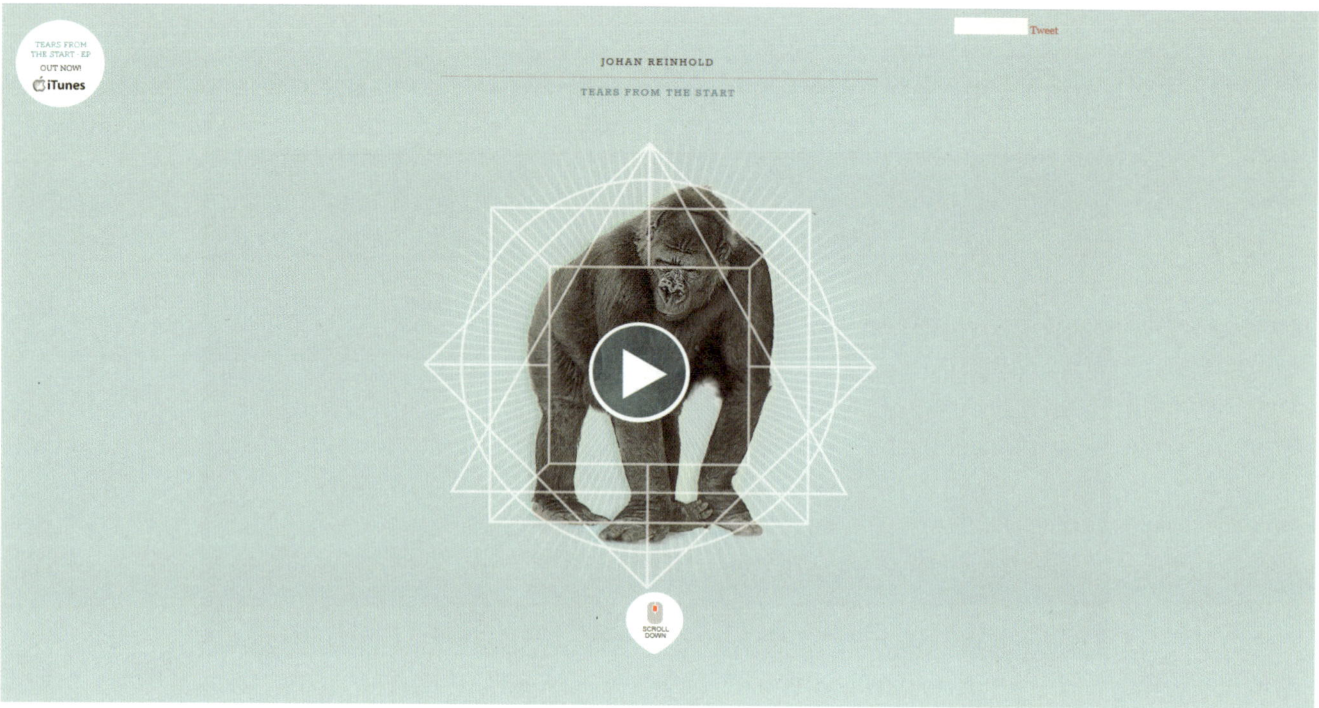
TEARS FROM THE START · EP
OUT NOW!
iTunes
Tweet
JOHAN REINHOLD
TEARS FROM THE START
SCROLL DOWN

图 2-31　Johanreinhold 网站首页 / www.johanreinhold.com / 瑞典

曲线型

图片和文字，排列成曲线，产生富有韵律与节奏的感觉。（图2-32、图2-33）

HEAD 2 HEART
"THE LONGEST JOURNEY THAT A MAN MUST TAKE IN HIS LIFE TIME IS THE 18 INCHES FROM HIS HEAD TO HIS HEART"
DONATE
facebook
twitter
START
10 MILLION YOUNG GIRLS ARE VICTIMS TO TRAFFICKING EVERY YEAR AND MOST OF THEM BETWEEN THE AGES OF 8 TO 12 YEARS OLD
LACK OF ACCESS TO CLEAN DRINKING WATER AND PROPER SANITATION KILLS 1.5 MILLION CHILDREN EVERY YEAR (THAT'S 4000 CHILDREN A DAY)
CAN YOU BELIEVE THIS IS THE SAME WORLD YOU AND I LIVE IN?
LIVE
DIE
SHOULD THE COUNTRY WHERE YOU ARE BORN DETERMINE WHETHER YOU LIVE OR DIE?
WE TH
CAUSES
CONTACT
SUPPORT

图 2-32　Head2heart 网站首页 / www.head2heart.us / 美国

图 2-33　Head2heart 网站整站效果 / www.head2heart.us / 美国

重复型

将相同或不同的元素作大小相同而位置不同的反复排列。重复型的布局方式是一种很常用、很好用的网页布局方式，使页面具有秩序、安静、调和与节拍感，很符合网页浏览的 般需求。（图 2–34）

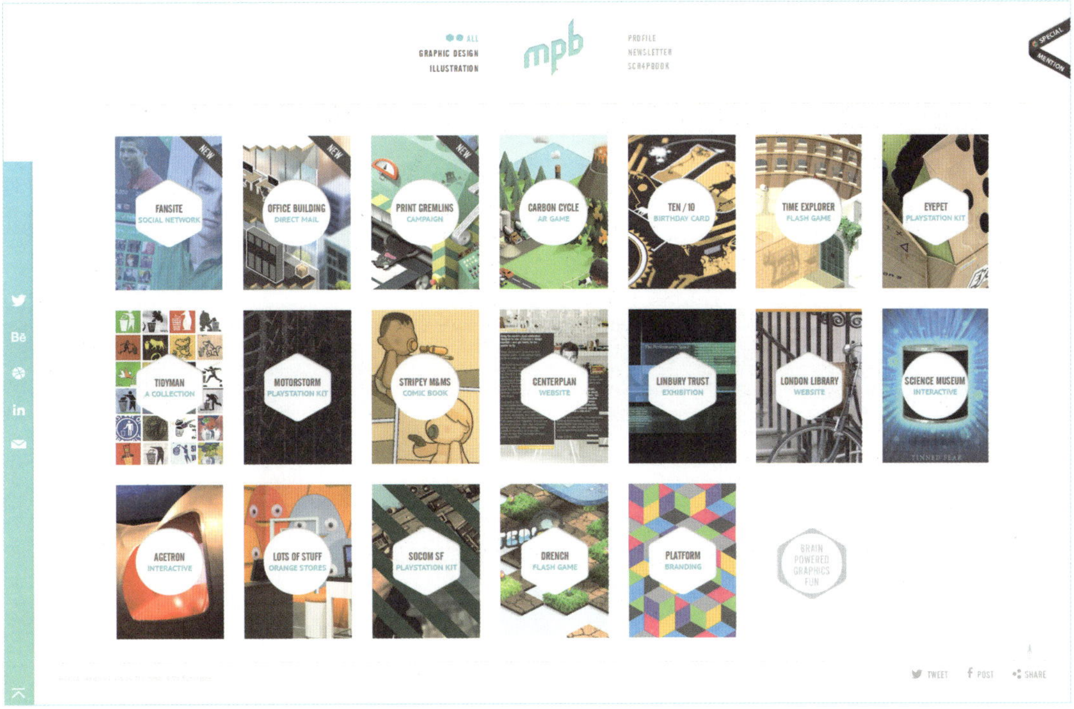

图 2–34　Mypoorbrain 网站首页 / www.mypoorbrain.com / 德国

自由型

自由型的布局结构是无规律的、随意的编排构成，有活泼、轻快之感。（图 2–35）

图 2–35　Thisshell 网站首页 /www.thisshell.com / 美国

满版型

满版型的版面以图像充满整版，主要以图像为素材。图像能够给网站带来强烈的视觉冲击力，不仅能够增强设计的美感，还可以突出网站的主题。在使用这种满版的图像作为网站主体或背景的时候，要充分考虑网站里每个页面的关系，如果只是个别页面取得了很好的效果，不能和网站的其他内容很好地融合在一起，容易导致网站内容杂乱，适得其反。（图 2–36、图 2–37）

图 2–36　Annasafroncik 网站首页 / http://annasafroncik.it / 美国

图 2–37　Aupetitpanisse 网站首页 / www.aupetitpanisse.fr / 瑞士

④ 网页布局与浏览器

网站的载体是浏览器，最大化的浏览器窗口是随着用户的屏幕分辨率的大小而变化的。网站就像被装在浏览器里一样，在浏览不同的网站时，不难发现，有些网站像硬饼干，装进浏览器后页面布局不会随着浏览器的尺寸发生变化，但有些网站像液体，装进浏览器后，网站的布局会随着浏览器的尺寸发生变化。究竟我们所设计的网站应该像液体一样填满整个网站，还是设置固定的宽度，这点常常会让设计师们纠结。

固定宽度

网页设计主流的屏幕分辨率尺寸主要是 1024×768 像素，除去滚动条所占的 21 像素，安全宽度应控制在 1003 像素以内，这样才能浏览到全部的横向页面内容，所以页面宽度可以设为低于 1003 的固定值；垂直方向上，页面是可滚动的，版面的长度一般不作限制，但是多数的网站要求滚动不超过三屏。 1024×768 的一屏大小是：1003×600，三屏则是 1003×（600×3）。

如果用户的浏览器的窗口大于 1024×768，可以运用背景来适应不同分辨率的版面效果。固定宽度的网页很容易设计和维护，因为它的生成状态基本上与设计的原稿无异。

图 2-38 是宽度为 960 像素的网页，设计师很巧妙地利用了网页边界模糊虚化的边缘与单色的背景进行过渡，令整个网页即便在更大尺寸的浏览器中浏览，如图 2-39，也能因背景色的填充很好地适应浏览器窗口。

图 2-38　网页在宽度为 1024 分辨率下显示 / Pioneerafrica 网站首页 / pioneerafrica.net / 美国

图 2-39　网页在宽度为 1920 分辨率下显示 / Pioneerafrica 网站首页 / pioneerafrica.net / 美国

固定宽度的网站背景除了可以用颜色填充，也可以用图片四方连续填充，如图 2-40，须注意图片不要选择太花哨或太复杂图案，否则很容易破坏画面效果。

图 2–40　Myrobeez 网站首页 / www.myrobeez.com / 美国

网页固定宽度的优、缺点

优点：

a. 可以让设计师更好地控制版面效果。

b. 使用较窄的文本块提高阅读的舒适性。

缺点：

在比较大的浏览器中显示起来比较小。

可变宽度

可变宽度的布局运用自适应宽度技术，页面内容自动伸缩，充满整个版面，这样的技术就要求版面设计也要具有适应性。这种页面在布局的时候需要考虑更多的问题，因为需要顾及每个可能的宽度上出现的效果。（图 2–41）

固定宽度

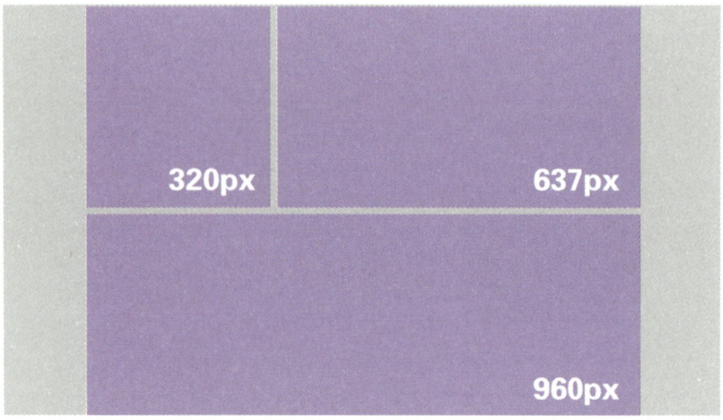

可变宽度

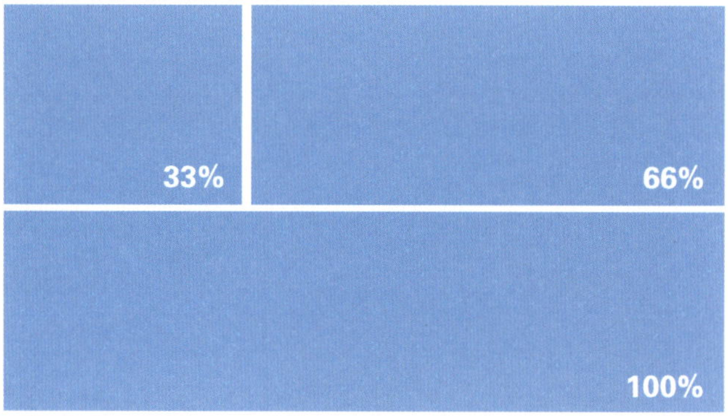

图 2–41　固定宽度和可变宽度示意图 / 李蓟宁 / 2013

网页可变宽度的优、缺点

优点：

可以适应大多数分辨率的显示器浏览。

缺点：

如果文本框因为显示器尺寸大而变得较宽，不利于舒适阅读。

响应式布局

随着移动技术的普及，越来越多的人通过不同的屏幕来浏览网页，手机的屏幕比较小，宽度通常在600像素以下；PC的屏幕宽度一般都在1000像素以上，有的还达到了2000像素。同样的内容，要在大小迥异的屏幕上，很难都呈现出令人满意的效果。很多网站因此为不同的终端提供不同的网页，比如专门提供一个mobile版本，或者iPhone / iPad版本。这样做固然保证了效果，但同时要维护好几个版本，而且如果一个网站有多个portal（“集成”技术），会大大增加架构设计的复杂度。于是，能否“让同一个网页自动适应不同大小的屏幕，根据屏幕宽度，自动调整布局”的想法应运而生。

响应式布局是Ethan Marcotte在2010年5月提出的一个概念，这个概念是为解决移动互联网浏览，支持所有的来自笔记本电脑、台式机、智能手机、平板电脑和任何将来将要发布的设备而诞生的。简而言之，就是一个网站能够兼容多个终端——而不需要为每个终端做一个特定的版本。

响应式布局可以为不同终端的用户提供更加舒适的界面和更好的用户体验，图2-42是网页适应不同的分辨率，版面布局的调整。

宽度为 1024 分辨率

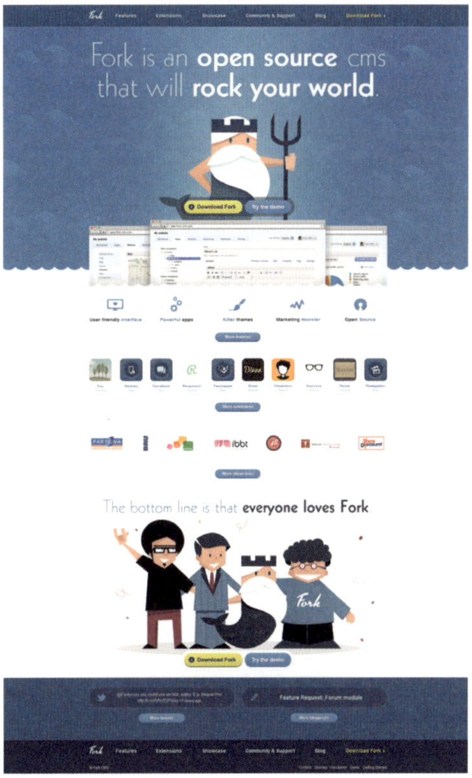
Fork is an open source cms
that will rock your world
The bottom line is that everyone loves Fork

宽度为 320 分辨率

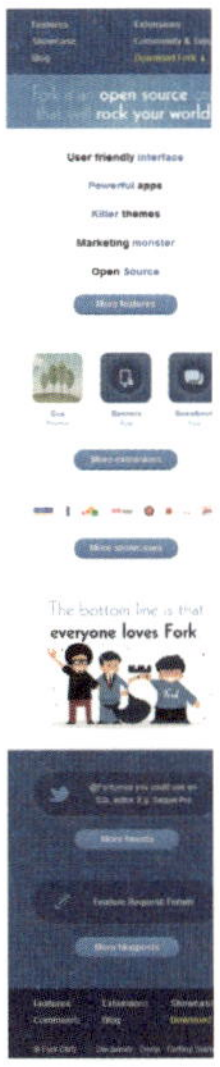

宽度为 640 分辨率

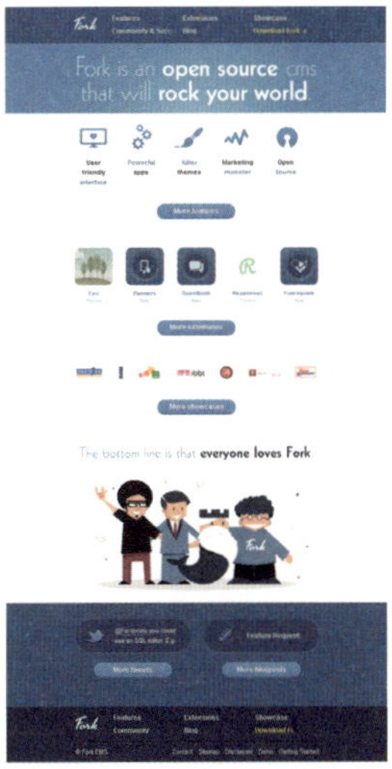
Fork is an open source cms
that will rock your world

图 2-42　响应式网页在不同的分辨率下显示效果 / Fork-cms 网站首页 / www.fork-cms.com / 比利时

响应式布局的优、缺点

优点：

a. 面对不同分辨率的设备灵活性强。
b. 能够解决一个网站多设备显示的适应问题。

缺点：

a. 网站设计需兼容各种设备，工作量大。
b. 代码累赘，会出现隐藏无用的元素，加载时间加长。
c. 响应式布局是一种折中性质的设计解决方案，可能会受多方面因素影响而达不到最佳效果。

2）网站导航栏设计

导航栏几乎是每个网站的必要构成要素，使人们浏览网站时可以从一个页面转到另一个页面的通道，以方便地访问到所需的内容。利用导航栏，我们就可以快速找到我们想要浏览的页面。

导航栏的目的是让网站的层次结构以一种有条理的方式清晰展示，并引导用户毫不费力地找到并管理信息，让用户在浏览网站过程中不至迷失。（图 2–43、图 2–44）

在布局和整体规划网页设计时，导航是一个重要的元素。设计时需要考虑：
导航栏以什么形式呈现？
是否能够最大程度地发挥其梳理网站结构、有效传递信息的功能？
是否能够烘托和配合整个页面的设计风格？
是否能够别出心裁地润色和体现该网站的特点又不影响其功能性？

导航栏属于功能部件，呈现形式一定要简洁、直观、明确。如果设计得恰到好处，会给网页增色不少，但不能设计得太花哨、喧宾夺主。导航的呈现形式设计要点如下。

① 导航栏目不多的情况下，通常是一排，横竖都可以，栏目超过 6 个就可以考虑用两排。
② 导航栏目很多的情况，也可以多排，甚至不规则地多排（每一排个数不同，或长度不同）。商业设计或门户站点通常都会有很多频道，设计起来，就要考虑横向双排。使用竖排，会占用太大空间。多排排版时要考虑导航条的直观和美观。

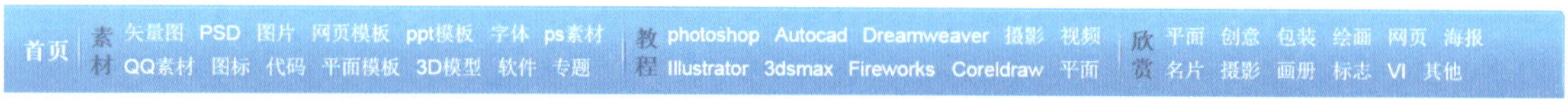

图 2–43　素彩网站导航 / www.sc115.com

③ 双排导航未必要紧密排列在一起，可以调整变化，如：上排有导航栏，图片分隔开后则另起一排。
④ 内容很丰富的站点，可以考虑使用快捷导航栏，如图 2–45 设计无限网站导航，不管进入哪个页面都可以快速跳跃到另外的栏目，不会失去方向。
⑤ 图片式导航栏（每一个图像就是一个点击热点）有更大的设计发挥空间，但存在浏览器放大后的像素问题以及需要占用比较大的页面空间，不适合导航内容多的网站。

图 2–44　Eyebridge 网站导航 / www.eyebridge.in / 美国

⑥ 侧滑导航栏，也叫隐藏式导航栏，可以省去相对大面积的屏幕区域，在一定程度上增加了页面可以显示的内容，流畅的滑动感能给用户带来和传统导航不同的体验。Path、Facebook、Windows 8 等都在使用这一设计。
⑦ Flash 制作的导航栏，文件小、变化多。但是会碰到浏览器和不同平台的兼容等问题。
⑧ 利用 DHTML、JS、动态隐藏层等技术实现的多变化的导航栏，也会碰到浏览器和不同平台的兼容等问题。

图 2–45　设计无限网站导航（局部）/ www.sj00.com

3）网页中的文字

文字是网页中最基本的媒体类型，也是使用最久最多的辅助科技支持的媒体类型。

① 文字的大小

字体的设置是网页制作新手遇到的第一个难点。文字大小，是用户体验中的一个重要部分。不同的分辨率，不同的显示器尺寸，不同的 DPI，甚至至不同的浏览器设置，都会对最终展现的文字大小产生影响。

由于第一代网页基本都是为 800x600 的 15'CRT 显示器开发的，所以大多数网页都是以 9pt 或 12px 为标准的网页字体大小。目前随着大尺寸和高分辨率显示器的普及，过小的网页字体已经无法给用户舒适的浏览体验。目前国内的网站网页字体的标准大小为 12px 和 14px 。

有时候，设计师会碰到需要在一个页面安排较多内容的情况，选择小的字体不是在一个页面上显示更多内容的解决办法，因为，提供更多阅读的内容并不代表用户会阅读得更多，密集的内容就像爬满蚂蚁的饼干，只会影响用户阅读的兴趣。与其把所有的内容都拥挤在一个页面，倒不如精简内容。

虽然网页字体过小会造成阅读困难，但也不适合用太大的字号，因为页面是有限的，使用过大的字体不能带给用户更多信息。

现在主流浏览器都支持“全网页缩放”功能，可以让整个页面直接放大或缩小却不会乱掉，让用户“完全控制显示内容的大小，同时自动调整页面布局和结构”。但设计师需要选择比例合适的文字大小，建立舒适的页面阅读环境。所以，有些规则是无论技术如何进步，也需要遵循的，例如：标题的文字一般比正文大。

设计提示 同样字号的不同字体，看起来可能大小会不一样。

同样的字号使用了不同的字体，有些字体看起来会显得大些，有些字看起来会小些。如同样的字，同样是12点的字号，楷体比其他四种字体看起来更小，而微软雅黑则相比其他四种字体看起来更大。

网页设计——楷体

网页设计——宋体

网页设计——文鼎 CS 细等线

网页设计——微软 雅黑

② 网页字体的选择

当为网站选择字体的时候，要选择所有用户的计算机系统和浏览器都有的通用字体。如果选用了用户的系统不具备的字体，浏览器将使用默认标准来显示这些文字，这将会影响预期的页面设计效果。

默认的浏览器定义的标准字体是中文宋体和英文 times new Roma 字体。也就是说，如果没有设置任何字体，网页将以这两种标准字体显示。同时，这两种字体也可以在任何操作系统和浏览器里正确显示。当然，只有两种字体的选择对于设计师来说似乎有点残忍。据百度 2013 年 3 月的统计数据，“使用不同操作系统的网民带来的浏览量占比”情况，Windows 系统的使用占 98.78%。也就是大部分的网络用户支持 Windows 自带字体的显示。

Windows 自带了 40 多种英文字体和 5 种中文字体。比较明智的做法是不要在网页里使用这些以外的字体。凡是使用 windows 操作系统的浏览器都可以正确显示这些字体，但在其他操作系统里，如 unix 则不能完全正确显示。所以，现在主流中文网站几乎都是使用宋体。

③ 文字的图形化

字体既有字意与语义的功能，也是一种图形符号，具有美学的效应。把文字作为图形元素来表现，既有美学效应又强化了原有的功能。

图 2–46 Tokiolab 网站首页 / www.tokiolab.it / 意大利

图 2–47 Weberica 网站首页顶部标题栏 / www.weberica.net / 克罗地亚

在网页中，如果需要使用特殊的字体来体现设计风格，则必须将使用特殊字体的文字处理成图片。也就是将需要用这种字体的地方用图片代替，才能保证所有人看到的页面是同一效果。图 2–46 至图 2–48 的网站页面设计中包含了很多艺术字体，如果全部用文本显示，第一是网页软件无法将文字做成如此多变的效果，第二是即使都能用网页软件完成文本的编排，很有可能大多数用户的浏览器都无法显示。

图 2–48 Momandpopcorn 网站首页 / www.momandpopcorn.com / 美国

但这种将文字处理成图片的做法不建议用在大段的正文上，因为使用图像文字代替文本会使文件增大。另外，现在大部分的浏览器都支持缩放，如果用户放大了网页，图片则无法确保在最佳的显示精度。如图 2–49 所示的网页，版面放大后，导航条及红色背景、白色文字小标题的部分由于采用了图片显示的方式，精度相对较差，显示较模糊。文本内容则比较清晰。

图 2-49　香港理工大学网站首页（局部）/ polyu.edu.hk / 香港

设计提示1　网站的主要区域不要使用超过三种的字体。

不同的字体有助于用户区分标题和信息的相对重要性，将粗体、颜色、大小等不同的属性赋予特定的字体可以起到强调的作用，但如果一个页面使用的字体或者强调过多，每个部分都被强调的时候，就没有任何内容突出了，页面也会显得杂乱。所以原则上网站的主要区域不要使用超过三种的字体。

非常感谢 The Worlds Worst Website Ever 这个网站的设计者，从域名就知道这是个有意为之的网站，目的就是树立一个反面典型，告诫广大的网站设计人员在设计网页时需要注意的事项，其中最典型的就是一个页面使用了多种字体混杂在一起的后果。

图 2-47　Theworldsworstwebsiteever 网站首页 /
www.theworldsworstwebsiteever.com / 美国

设计提示 2 避免使用奇特的字体。

奇特的字体往往降低了文字的熟知度与可阅读性。如下：

奇特的字体往往降低了文字的熟知度与可阅读性。

设计提示 3 普通字体较斜体易于阅读。

对比如下：

普通字体：普通字体较斜体易于阅读。

倾斜字体：*普通字体较斜体易于阅读。*

④ 文字的颜色

网页文字的颜色选择离不开与背景色的对比考虑，合适的字体、颜色选择，与背景的正确搭配，加上合适的字体和大小，确保了网页内容的易辨性和易读性。文字与背景的高对比度可提高可阅读性，较低的对比度易造成眼睛的疲劳与不适。参考图 2–50 中的文字与背景色对比表。

对于视力不太好的人或者对于不太好的显示设备来说，白底黑字是最佳的。尽管黑底白字和白底黑字有同样的对比度，但前者的易读性相对没那么高，尤其当文字比较小的时候。

有时候，影响文字阅读的不仅仅是背景色，还有背景图，复杂或杂乱的背景也会降低文字的易读性。如图 2–51，网站文字编排密集、颜色较多，而且背景图案排列较复杂，不同颜色的文字与背景层层叠叠，看得人头痛不已。

颜色组合	易读性等级
黑色“网页设计”在白色背景上	高
紫色“网页设计”在白色背景上	高
黑色“网页设计”在粉红色背景上	较高
黑色“网页设计”在粉蓝色背景上	较高
黑色“网页设计”在灰色背景上	中等
黑色“网页设计”在红色背景上	中等
蓝色“网页设计”在红色背景上	低
黄色“网页设计”在蓝色背景上	较高
白色“网页设计”在浅蓝色背景上	极低
白色“网页设计”在橙色背景上	高
红色“网页设计”在黑色背景上	中等
黄色“网页设计”在绿色背景上	低
黑色“网页设计”在蓝色背景上	极低
蓝色“网页设计”在灰色背景上	极低

图 2–50　文字与背景色对比表 / 李蓟宁 / 2013

图 2–51　Hosanna1 网站首页 / hosanna1.com / 美国

设计提示

尽量选择让所有人都可以阅读的配色方案。

设计师对色彩是非常敏感的，但全世界约有8%的男性和0.5%的女性有某种形式的先天性色觉障碍。色觉障碍有多种类型，最常见的是红绿色盲。网页设计应该避免使用会让部分人无法阅读的配色组合，比如把红色文字放在绿色的背景上，这会让红绿色盲的人看不到文字。

⑤ 文字的间距

文字间距会直接影响读者的视觉和心理感受，控制间距有两个方面：字距和行距。字距调整是放宽或收紧选定文本或整个文本块中字符之间的间距。行距是各个文字行之间的垂直间距。图 2–52 为同一段文字以不同字距和行距编排的效果。

字距	行距	配合效果	效果点评
紧密	紧密	电子商务是指在互联网、企业内部网和增值网上以电子交易方式进行交易活动和相关服务活动，是传统商业活动各环节的电子化、网络化	文字编排太过密集，阅读困难
紧密	适中	电子商务是指在互联网、企业内部网和增值网上以电子交易方式进行交易活动和相关服务活动，是传统商业活动各环节的电子化、网络化	字距紧密，行距适中，有一定的易读性，但紧密的字距降低了阅读的舒适性
疏松	紧密	电 子 商 务 是 指 在 互 联 网 、 企 业 内 部 网 和 增 值 网 上 以 电 子 交 易 方 式 进 行 交 易 活 动 和 相 关 服 务 活 动 ， 是 传 统 商 业 活 动 各 环 节 的 电 子 化 、 网 络 化	紧密的行距、疏松的字距，容易模糊文本阅读方向，阅读困难
适中	适中	电子商务是指在互联网、企业内部网和增值网上以电子交易方式进行交易活动和相关服务活动，是传统商业活动各环节的电子化、网络化	接近字体尺寸的行距设置比较适合阅读
适中	疏松	电子商务是指在互联网、企业内部网和增值网上以电子交易方式进行交易活动和相关服务活动，是传统商业活动各环节的电子化、网络化	字距适中，行距过宽，有一定的易读性，但使文字失去较好的延续性。过宽的行距占据篇幅较大，容易造成网页版面的浪费
疏松	疏松	电 子 商 务 是 指 在 互 联 网 、 企 业 内 部 网 和 增 值 网 上 以 电 子 交 易 方 式 进 行 交 易 活 动 和 相 关 服 务 活 动 ， 是 传 统 商 业 活 动 各 环 节 的 电 子 化 、 网 络 化	字距和行距都比较疏松，不仅失去了易读型，还会使版面显得松散

图 2–52　不同字距与行距配合编排对比表 / 李蓟宁 / 2013

一般情况下，接近字体尺寸的行距设置比较合适正文。而行距的比例一般为 10 ： 12。适当的行距会形成一条明显的水平空白条，以此来吸引浏览者的目光。如果行距过宽的话，会使一行文字失去较好的延续性。行距一般不超过自高的 200%。字距与行距变化不是绝对的，关键是要根据设计的主题内容和设计需要进行灵活处理。

设计提示 间距是设计师水平的体现。

以下图 2-53 的网站整个版面文字的字距和行距，编排得不分主次，密密麻麻的标题让人无从选择。使页面看起来像一面密不透风的墙。枯燥而毫无节奏的段落、板块划分，使用户的阅读兴趣大减。不多的优点也许就是整体文字的颜色统一，顶部的动态广告图片在一片密密麻麻的文字中相对抢眼。

同样是财经网站，图 2-54 腾讯财经的页面则设计得清爽舒服得多。适度的间距与精练的内容规划，层次分明的标题与内容提示，粗细大小有致的字体安排，深浅得宜的文字颜色搭配，提高了整个页面内容的易读性与美观度。相比“中金在线”，也许同一长度的页面内容信息量不及其大，但是正如之前在“文字大小”部分提及的观念：提供更多阅读的内容并不代表用户会阅读更多，与其把所有的内容都拥挤在一个页面，倒不如精简内容，提高用户对信息的接收度。

证券专家服务系统
"短线操作达人"小杜
独家分享超短线套利操作精髓 不断实现盈利
国土部公布2013供地计划 扩容1.5倍
盘中逆转暗藏深意 午后拉升三大主因

图 2-53　中金在线网站首页 / www.cnfol.com

搜搜慧眼
名片识别与存储
轻松管理我的社交
腾讯财经
股价提醒 即时触达
美国波士顿袭击令市场恐慌 美股盘前走高
国五条温柔落地
纽约金价强势反弹 一度逼近1400美元
一季度豪车在华销售稳定 日系环比增近8成
赛维LDK宣布2379.3万美元可转债违约
一季度国企利润5137.3亿 地方国企盈利骤降
中信证券固定收益部执行总经理被抓
险企股权管理松绑：单一股东持股上限提至51%
政府补贴成上市公司"鸦片"

图 2-54　腾讯财经网站首页（局部）/ finance.qq.com

⑥ 文字的对齐

使用 word 或者一些设计软件进行段落文字编排的时候，单纯的左对齐或者右对齐会使文字段落一边不齐整。而报章杂志书籍中的文字都是沿着书页的左右侧对齐的，这种对齐被叫做齐行。网页中的段落文字一般也会遵照齐行的规则。只需要把文本属性设成“两端对齐”即可。

齐行文字是通过将文字强行填入空间使段落的边缘齐整，这样处理过的段落字距会自动调整，使每行的最左边和最右边齐平。但由于每行的标点符号和文字数量不一定都相同，而且标点符号的占位比文字要少，所以每行的字距会出现一定程度的不同，短的齐行文字间最不均匀，因为他们之间可用的词间距最少。如果段落中的某行因齐行而间距异常，可考虑适当调节段落幅度。

⑦ 运动的文字

运动的文字也许会吸引用户的注意，但用户也许并不乐意看到这样的文字，甚至对闪烁的文字或移动的文字感到厌烦。想让浏览者多停留一会儿的话，就不要使用闪烁的文字。

有些网站会用滚动式标题，来显示多条可以点击进入的内容，这种做法可以在有限的板块空间里出现更多的标题。但这往往会造成一些标题被忽略；也很考验用户的操作灵敏度，因为很可能鼠标移动得稍慢了点，目标点击内容就已经滚动走了。

有些网站会用滚动的方式在局限的区域内显示大段的文字，这也不太可取。因为这很可能让读者错过一些内容。

网站在操作上最大的优势就在于互动性，用户更喜欢浏览和使用自己可以完全控制的网站。试想一下，如果你刚看到一个想点击进入的标题，但是它已经滚动过去了，你会不会犹豫要不要等待它的再次出现或者放弃？如果你选择等待它再出现，会不会觉得很不耐烦？如果你看到有段内容也许挺感兴趣的，但是开始的部分已经滚动走了，你会不会为这样的设计感到莫名其妙？如果你也曾经厌弃过这样的网站，请不要做这样的设计。

⑧ 寻找字体

虽然网页中大多会使用到的字体都是系统自带的，但文字有时候不仅是信息的传达，还会充当设计的元素，我们经常会需要使用不同的字体。字体本身有时候就可以在版面中发挥独特的作用。

我们可以自己设计字体，也有很多免费的字体可以直接使用。学会去哪里找字体，是所有设计师必修的一课，大部分的人无师自通。因为打开谷歌或者百度搜索“字体”就会有很多字体的资讯以及字体下载的网站可供参考，以卜介绍几个字体下载的网站，如字体可以统一预览的网站，这样可以直观地选择；有很多字体下载网站，是要点击到具体的下载页面才能看到字体的效果，这会把时间浪费在不断的点击（可能还不止一个层级）进入上，还有些网站是整个系列字体打包下载的，这些字体必须安装了才能知道是什么样的效果，当然，这种网站对于有下载目标的人来说是好事，因为不需要逐个下载。以下面一些网站可以提供免费字体。

www.zhaozi.cn 找字网

这个网站提供的字体很齐全，分类易找，有很多偏门的字体都可以找到，在下载页面要认真看好哪个才是字体下载的按钮。

font.chinaz.com 站长素材字体下载频道

这个网站提供的字体比较齐全，分类易找，字体预览很有特色。

aifont.com 爱字体 100% （图 2–55）

这个网站是一个中外文字体交流、学习、展示的专业平台，里面精选的字体不多，但都很实用且具设计味，网站的友情链接也精选了很多字体设计机构的网站。

图 2–55　爱字体 100% / aifont.com / 香港

4）网页的色调

①网站的色彩情感

就色彩本身而言，它并没有特定的感情象征，它之所以能引起人不同的感受，是人的情感投射于色彩本身的关系，色彩的丰富情感是人赋予。由于性格、经历、年龄、种族、地域、环境、文化修养的不同，人对色彩的喜好、感觉以及联想会有个体上的差异，色彩能个性化地表现人们自我感受的心理倾向。但也正因为人会因性格、经历、年龄、种族、地域、环境、文化修养的相似，对色彩也会有一些相同的情感投射及联想，人有很多互通及相连的色彩感受。

了解人对色彩感知的共识能让我们在处理网站色调的时候有所依据，图2–56为从多篇色彩心理研究文献中总结出的大多数人对色彩感知的共识，包括不同的单色所表达出的不同心理感受以及人对不同单色的联想：

颜色	情感体验	抽象概念联想	具象事物联想
红	热烈、兴奋、激动、喜悦、幸福、朝气、活泼、不安、刺激、愤怒	危险、醒目、力量	红花、节庆、太阳、喜事、红旗、红衣服、血、火、信号灯、危险标志
橙	喜悦、幸福、朝气、爱慕、轻松、温暖、尖锐、扩张	炙热、辉煌、富丽、希望、愚昧、欺骗、骄傲	橙子、橘子、水果、阳光
黄	幸福、轻松、振奋、爱慕、敏锐、扩张、朝气	光明、智慧、能量、批评、警告、懒惰、嫉妒	日光、服装、丰收的田野、家具、秋叶、帝王
绿	朝气、轻松、安宁、平静	年轻、环保、静止、复苏、生长、希望、永远、和平、新鲜、和谐、贪婪、嫉妒	草、草原、树叶、春天、春天的田野、森林、植物、青山绿水、自然
蓝	轻松、平静、忧郁、冷酷、稳定	安静、冷静、理智、内敛、孤独、沉思、独立、信任、骄傲、信任、可靠	蓝天、海洋、学习
紫	积极、不安、忧郁、寂寞、消沉	威严、尊贵、优雅、冷淡、严肃、教养、神秘	紫花、服装
棕	稳定	干枯、古典、成熟、中立	泥土、咖啡
白	安静、轻快	纯洁、光明、纯真、神圣、干净、遥远	白雪、医院、白衬衫、白衣战士、白花
灰	失望、忧郁、不安、消沉、伤感	雅致、冷淡	阴天、灰衣服、灰建筑物
黑	恐惧、悲伤、忧郁、不安、伤感、寂寞	黑暗、严肃、含蓄、庄重、肮脏、权力、死亡、神秘	黑夜、黑纱、丧事、黑衣服、追悼会

图2–56　颜色的情感体验与抽象、具象事物联想 / 李蓟宁整理

红色调

红色是一种鲜艳、热烈、瑰丽的颜色。它因为充满热情动感而给人勇气、信念和活力，与热情奔放相联系，红色常被用来表示爱情、憎恨和勇气。如果运用适量，能产生温暖而热情的效果，如果运用过度，就会使人感到过于刺激而难受。（图 2–57）

图 2–57　SKⅡ网站内页 / www.sk2cream.co.kr / 韩国

橙色调

橙色是暖色系中最温暖的颜色，它代表高兴、富足、轻松、创意。使用橙色调的网站给用户朝气、积极向上的感觉。（图 2–58）

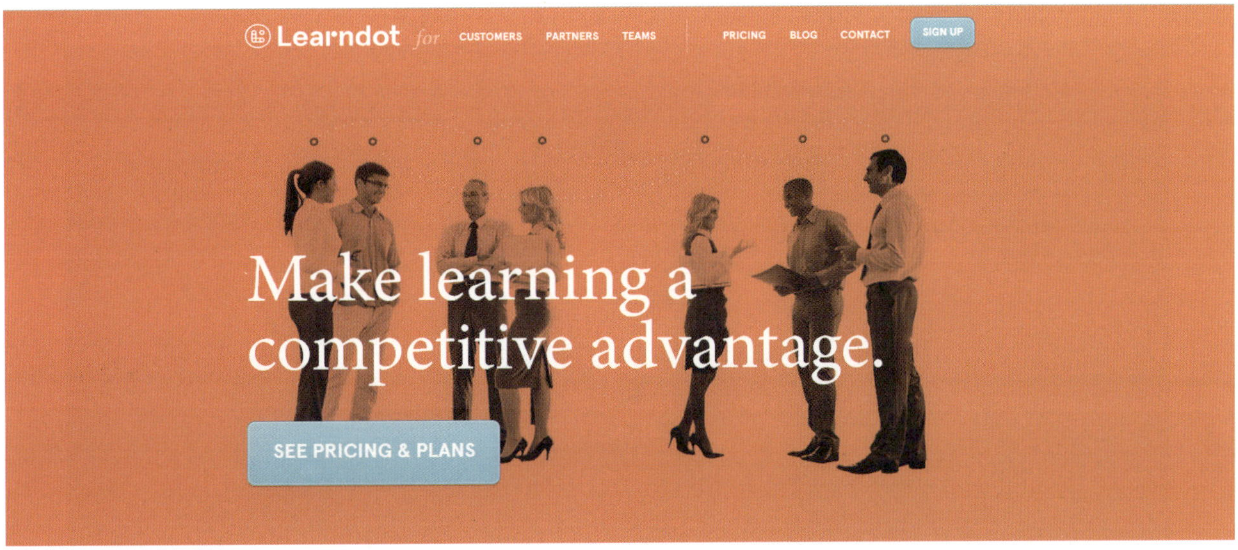

图 2–58　Learndot 网站首页 / www.learndot.com / 美国

蓝色调

蓝色常使人联想到天空、海洋、星空，表现出一种美丽、冷静、理智、安详与广阔，在商业设计中，强调科技感、效率的商品或企业形象，大多选用蓝色当标准色、企业色，如电脑、汽车、影印机、摄影器材等。蓝色沉稳的特性，具有理智、准确的意象，也成为高科技行业的代表色。图 2–59 为 Vasona Networks 公司网站，该公司 2013 年 1 月正式为用户提供服务，专注于为移动运营商开发设备和软件，让运营商能够更好地管理网络数据。

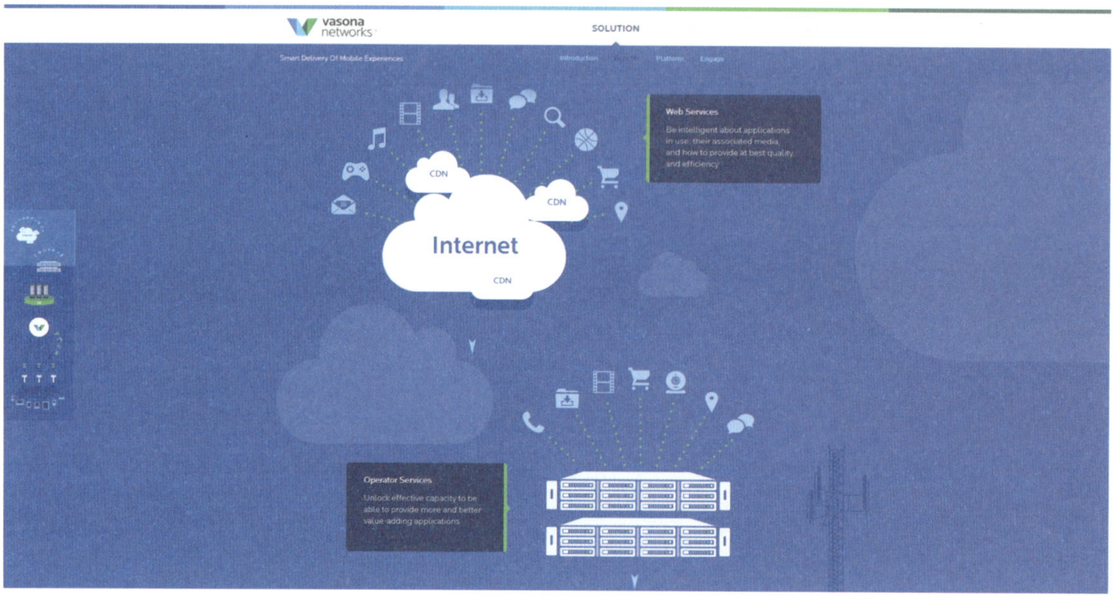

图 2–59 Vasona Networks 网站首页 / vasonanetworks.com / 美国

绿色调

绿色给人以安全、可靠、公平的感觉，也是自然、和平的象征。有很多标榜产品天然、环保的网站都会用到这个色调。（图 2–60）

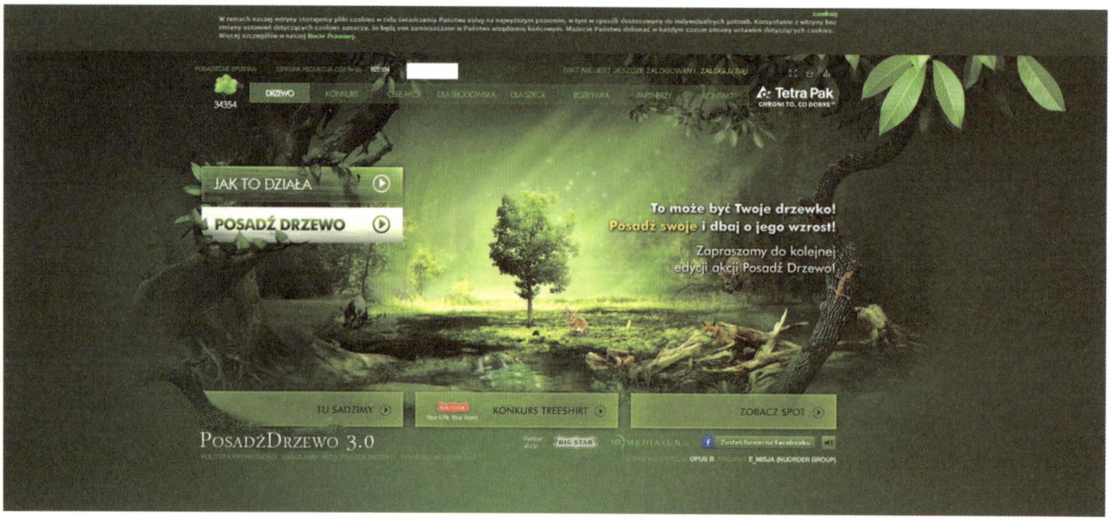

图 2–60 Posadzdrzewo. 利乐包环保推广网站首页 / www.posadzdrzewo.pl / 波兰

黄色调

黄色调的网站具有向外辐射和扩张的视觉效果，以黄色调建立起来的网站也很鲜艳夺目，散发出一种照耀四方的活力与生机。（图 2-61）

图 2-61　Hamihemi 网站首页 / www.hamihemi.com / 香港

紫色调

紫色调带着神秘、尊贵的气息。图 2-62 为起亚 K3 款车型在韩国的官方宣传网站，网站采用紫色调更显尊贵与优雅。

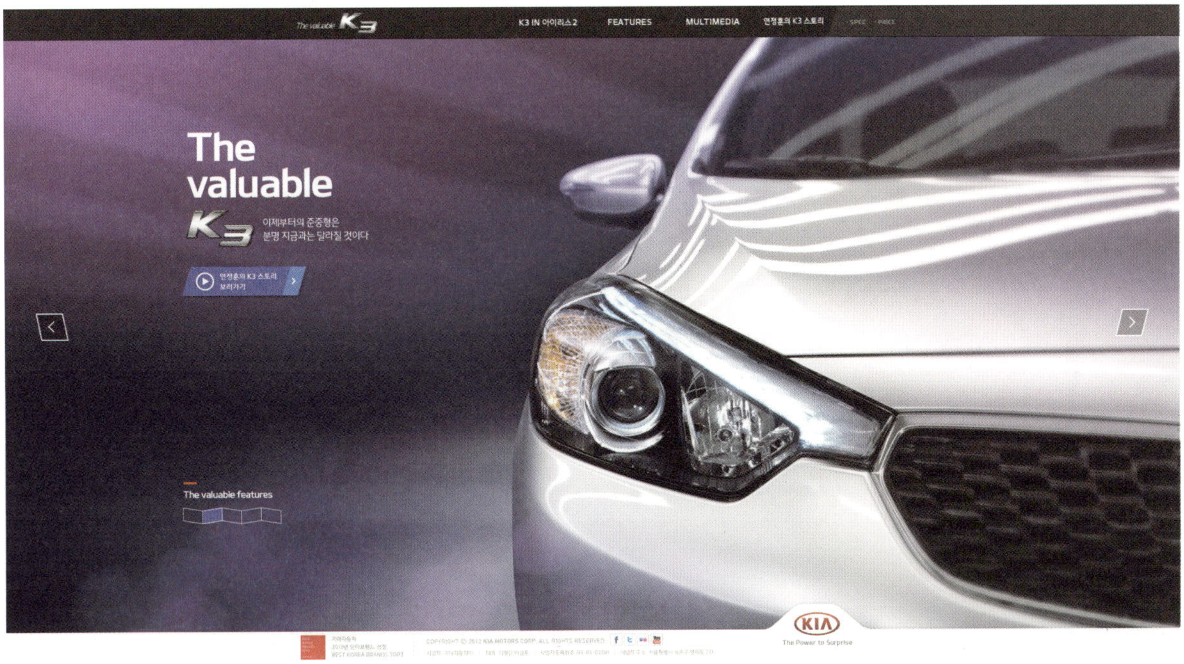

图 2-62　起亚 K3 韩国官方网站首页 / k3.kia.com / 韩国

棕色调

棕色的特点有些不鲜明，棕色常常被联想到泥土、自然，它给简朴、可靠、保守、古旧和有益健康的感觉。棕色很容易让人联想到木材、石材、的和旧照片和旧材料，可以用来创造温暖、复古和怀旧的情愫。（图 2-63）

图 2-63　Handytesten 网站页面 / handytesten.usedtobe.no / 挪威

白色调

白色是网页中最常见的颜色，几乎没有不用到白色的网站，我们已经习惯了白色的参与。以白色为主色调的网站，给人干净、简洁的感觉，还原了最基本也最具空间美感的留白艺术。（图 2-64）

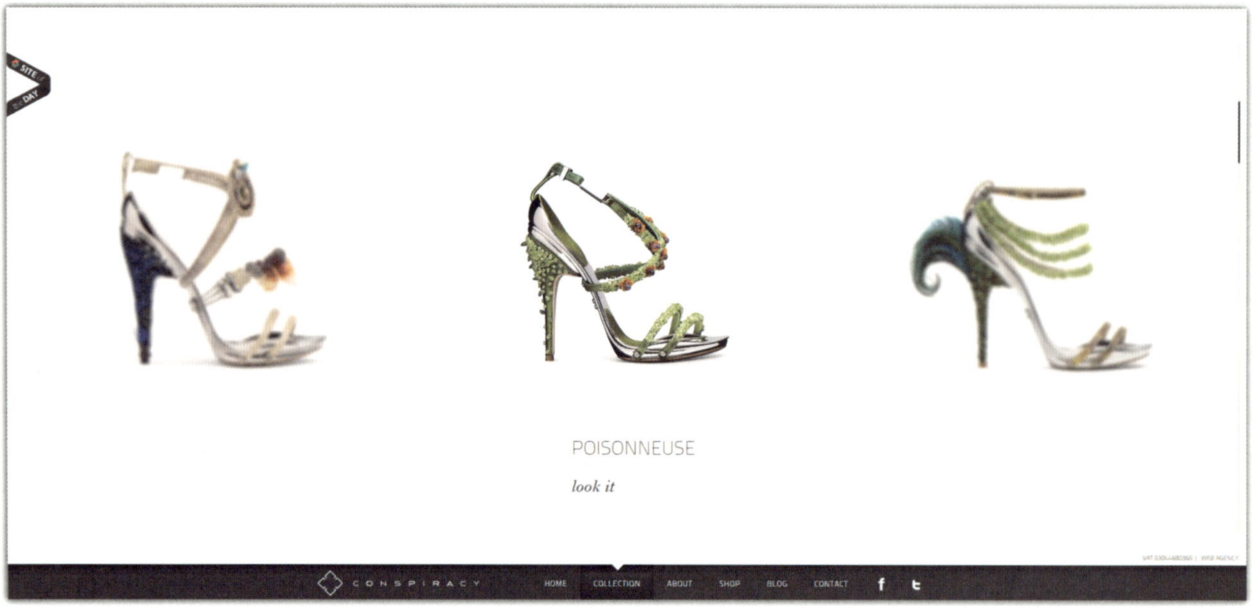

图 2-64　Conspiracy 网站内页 / www.conspiracy.it / 意大利

灰色调

只要有灰色在，任何一个彩色都会变得活跃起来，显得丰满 。灰色没有主动表现能力，它的表现效果很大程度上取决于它的对比色。这一点上，澳洲 Silverpistol 设计机构的网站做得很巧妙，网站一片安静的灰色调中，只有当鼠标经过选择的图片按钮时，该图片才出现色彩，与周围的气氛形成了一个鲜明的对比，在互动中完成了版面中隐藏的设计巧思。（图 2-65）

原始网页效果　　　　鼠标经过按钮变化效果

图 2-65　Silverpistol 网站首页（局部）/ www.silverpistol.com / 澳大利亚

黑色调

黑色是暗色，是纯度、色相、明度最低的非彩色。象征着力量，有时感觉沉默、虚空，有时感觉庄严肃穆，有时又意味着不祥和罪恶。Magicleap 网站展示的是一种新的技术“电影现实”，探索刺激人类的感官知觉和想象力的视频。用黑色调来演绎这个网站，更能淋漓尽致地凸显新技术的神秘感。（图 2-66）

图 2-66　Magicleap 网站首页 / magicleap.com / 美国

设计提示 颜色的避忌。

自古以来，世界各族都公认黑色代表死亡、悲哀。黑色具有能吸收光线的特性，有一种变幻无常的感觉。黑色让人联想到的有黑纱、丧事、追悼会，给人恐惧、悲伤、不安的感觉。如医院网站的色彩就不能以黑色为主色调，会使用户感到压抑，不利于医院的形象表现，也不能给用户好的心理感受。图2-67为东京大学医学部附属医院网站首页，网站色调令人感到清新、清爽、专业，这类浅色多用于卫生、食品、洗涤行业。

某些行业，有具体的颜色避忌，如绿色在金融投资行业当中代表的是低迷、不景气、下滑等负面的形势，所以为金融、投资类的企业设计网站，应尽量避免使用绿色或相近颜色。

图 2-67 东京大学医学部附属医院网站首页 / www.kuhp.kyoto-u.ac.jp / 日本

② 网站的色彩模式

在色彩方面网页根据其显像方式使用 RGB 的色彩模式。和平面设计不同，平面设计因为后期的实现依赖于印刷，所以采用 CMYK 的色彩模式，RGB 色彩模式是工业界的一种颜色标准，是通过对红 (R)、绿 (G)、蓝 (B) 三个颜色通道的变化以及它们相互之间的叠加来得到各式各样的颜色的，它是一种加色模式，红色、绿色、和蓝色光被加在一起以各种方式再现色彩系列。这个标准几乎包括了人类视力所能感知的所有颜色，是目前运用最广的颜色系统之一。图 2-68 为 RGB 色彩叠加示意图，但由于印刷品的关系，只能反映 RGB 三色叠加的情况，不能反映实际的色彩效果。

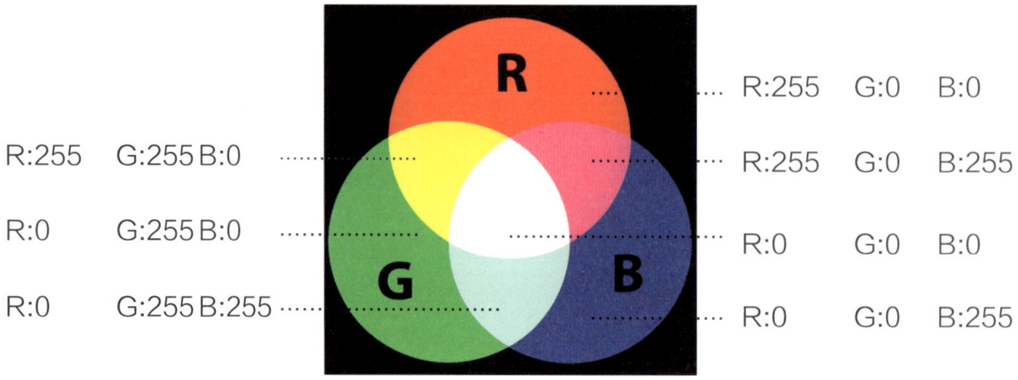

图 2-68 RGB 色彩叠加示意图

③ 网站的配色方案

为网站选择色调并不只是选几个最喜欢的颜色，然后布局到网站上。一个网站细节繁多，既要使有的部分有所突出，又要使各部分相得益彰，一个巧妙、合理的配色方案才能为用户营造舒适的浏览环境，为企业树立鲜明的形象。配色方案是创建和谐而有效的颜色组合的基本公式。按照色彩方案中色彩使用方式的不同，可以将色彩方案划分成以下类型：单色调、近似色调、对比色调、近似 + 对比色调、其他色调。

单色调

单色调不是一个网站单一地运用一种颜色，这会让人感觉单调、乏味；而是确定一个主题色，其他配色作为点缀式的辅助，或通过调整这种基本颜色的灰度和亮度来得到更多的颜色，使整个配色方案保持一种基调。（图 2-69、图 2-70）

单色调配色方案是一种比较稳重，却相对保守的方案，但其统一性能给人整洁、经典的感觉。

RELEASES
LISTEN
CHARITY
TOUR
RELEASES
RECORDS and DRAWINGS
LISTEN
RADIO BROADCAST
CHARITY
PROCEEDS GO HERE
TOUR
SHOWS ANNOUNCED HERE
NEWS
Jeff announces new show dates across the West and Southwest for March and April Learn more »

图 2-69　Walkingwallofwords 网站首页 / walkingwallofwords.com / 美国

Home
Portfolio
Specialities
Our Team
How Much
Maintenance Packages
Contact
Bangkok Design Agency
We Grow Your Ideas
GRAPHIC DESIGNERS
Our talented and passionate graphic design team work closely with you to deliver unique design solutions for your business. We transform your ideas and ambitions into reality, driving your business to succeed.
WEB SPECIALISTS
We are a highly innovative and creative team who listen, design, develop and consistently deliver. Our international team have worked in over 24 countries and have 117 years of combined experience in the industry bringing you the very best expertise for your project.
ONLINE MARKETERS
Our philosophy for online success is centered on one thing which is PEOPLE. Our integrated marketing strategies bring your audiences closer to your brand and most importantly generate traffic, sales and revenues.
View Our Work
Prefer to talk to someone?
Call: (+66) 02-679-8607

图 2-70　Webcoursesagency.com 网站首页 / webcoursesagency.com / 美国

近似色调

在色彩圆环上选择彼此相邻的几种颜色构成的配色方案就是相似色方案。例如橙色、橙红色以及橙黄色就可以组成一个相似色方案。由于相似色方案中包含了多种基色，再加上亮度和饱和度的变化，可以构成的颜色就非常丰富，色调柔和、过渡自然。（图 2–71、图2–72）

图 2–71　WMarine–plus. 网站首页 / www.marine–plus.co.kr / 韩国

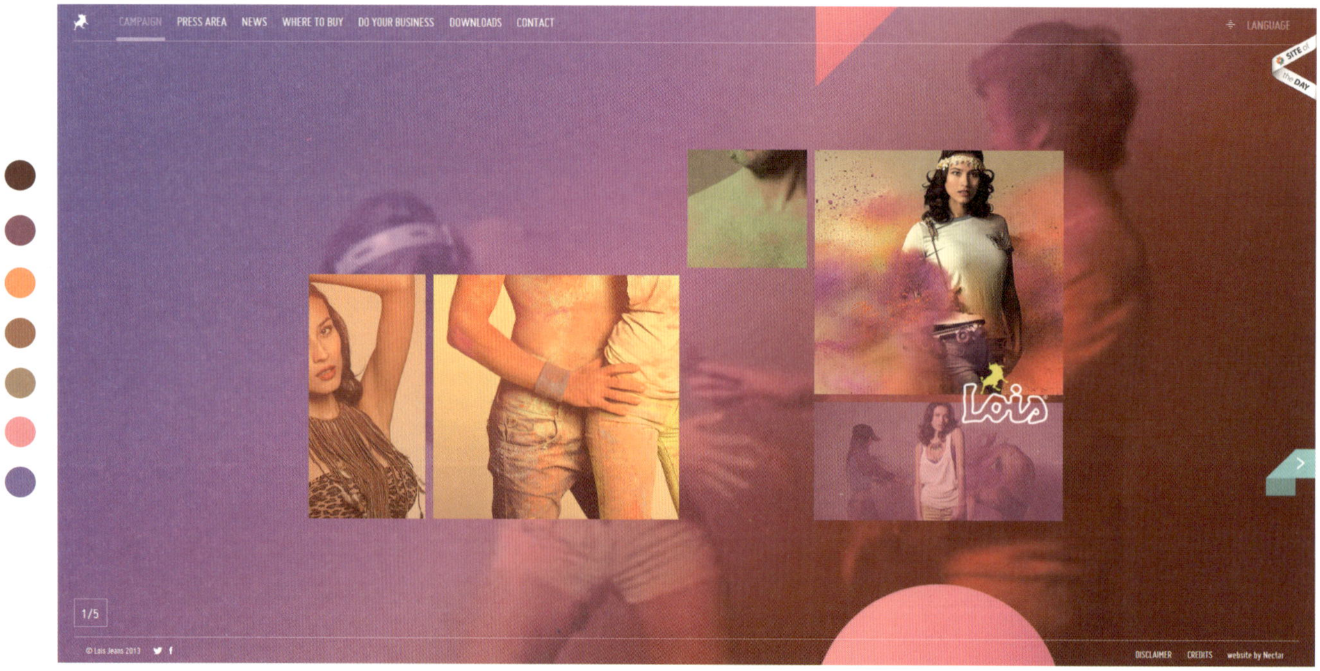

图 2–72　Loisjeans 网站首页 / www.loisjeans.com / 西班牙

对比色调

在色环上任一直径两端相对之色（含其邻近色）称对比色。对比色拥有一种令人兴奋的视觉感，容易引起人们的注意。

Fragil Musique 是一个前卫的独立音乐公司，致力于分享优质的音乐、探索不同领域的舞蹈音乐、发掘和推广个性创作的音乐人。Like-there-is-no-tomorrow 网站是该公司举办 FRAGIL EVE PARTY 的宣传网站。网站采用简洁的风格，清色系的对比色调，每个页面都有出色的颜色搭配效果，既突出对比，又不会太刺目。（图 2-73）

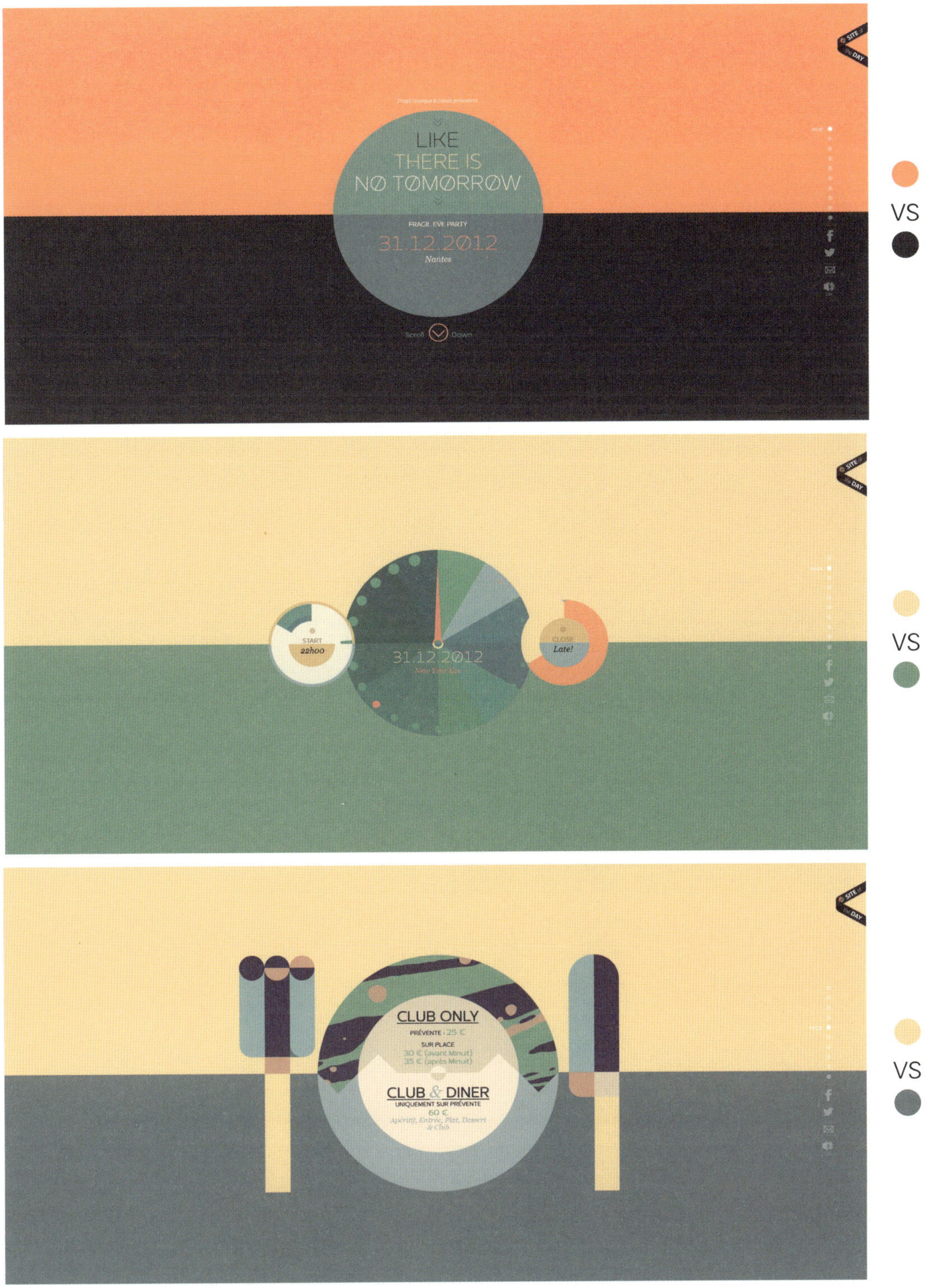

图 2-73　Like-there-is-no-tomorrow 网站页面 / www.like-there-is-no-tomorrow.com / 法国

图 2–74 Fnnseasons 网站首页采用红绿的对比色调，效果非常理想，红色的比例用得很到位。让人感觉是万绿丛中一点红。

VS

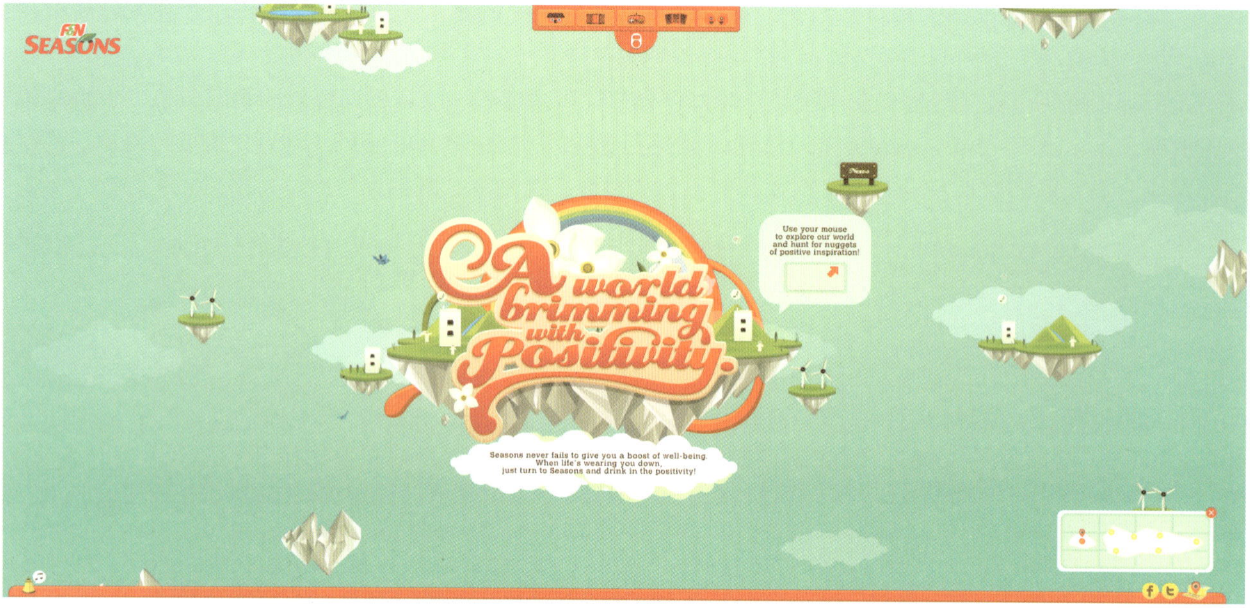
SEASONS
A world brimming with Positivity.
Use your mouse to explore our world and hunt for nuggets of positive inspiration!
Seasons never fails to give you a boost of well-being. When life's wearing you down, just turn to Seasons and drink in the positivity!

图 2–74　Fnnseasons 网站首页 / www.fnnseasons.com.sg / 美国

设计提示

没有不好的颜色，只有不好的色彩搭配。

对比色调缺乏单色调和近似色调的那种安全感，运用得不好会让人产生杂乱的感觉。图 2–75 为印度首家狗狗婚介网站，该网站糟糕的印度摇滚背景音乐、令人眼花缭乱的狗狗照片、动画处理让人厌烦，粉紫红和翠绿的色彩搭配更是令人崩溃。

First Dog Matrimonial Website in India
HELPLINE 9650031345

图 2–75　Candyromeo 网站首页 / candyromeo.com / 印度

近似 + 对比色调

近似色调颜色丰富、过渡柔和，在这种基调下加入对比色，可以打破原来丰富而统一的色彩环境下的沉闷节奏。Pbskids 网站以美国 PBS 公共电视网为原型推出的，适合于 12 岁以下的儿童，主要包括启蒙教育的音乐、游戏和动画。图 2–76 是 Pbskids 网站关于美国总统大选教育的主页面，蓝红对比的色调更能提起孩子们的兴趣，在蓝绿调中加入红色调作对比，色彩变化更丰富，更符合儿童的审美情趣。

图 2–76　Pbskids 网站内页 / pbskids.org/democracy / 美国

对比色调色彩对抗鲜明而强烈，如果其中一方或双方的色系为近似色，既保留了对比的效果，又丰富了色彩变化。如图 2–77 为 Hookyinteractive 网站首页，蓝色近似色系与橙红近似色系的对比调，对比中有调和，调和中带着对比。

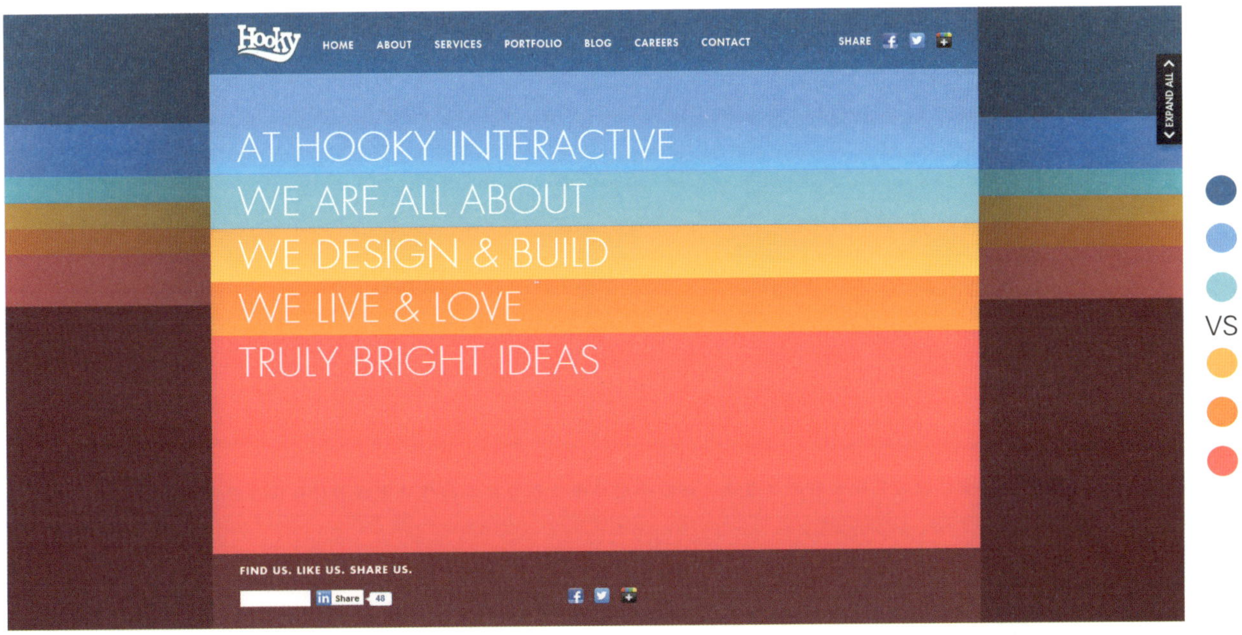

图 2–77　Hookyinteractive 网站首页 / www.hookyinteractive.com / 美国

图 2-78 Evoenergy 网站首页，采用粉紫虹近似色系与粉绿近似色系的对比调，对比鲜明，色彩变化丰富。

图 2-78　Evoenergy 网站内页 / www.evoenergy.co.uk/uk-energy-guide / 英国

其他色调

黑白灰是不在色环里的颜色，黑白灰是万能色，可以跟任意一种色彩搭配。当你为某种色彩的搭配苦恼的时候，不妨用黑白灰。当你觉得两种色彩的搭配不协调时，试试加入黑白灰。 网页中常用的黑白灰与彩色的方案 ：黑、白、灰分别与单色、近似色、对比色的搭配。

黑色能和许多色彩构成良好的对比调和关系，运用范围很广，是最有力的搭配色。

●●●●●● 黑色主调 + 单色调（图 2-79、图 2-80）

图 2-79　Aguna 网站首页 / alguna.fr / 法国

图 2-80　Oskowalik 网站首页 / www.oskowalik.pl / 德国

黑色主调 + 近似调
（图 2–81）

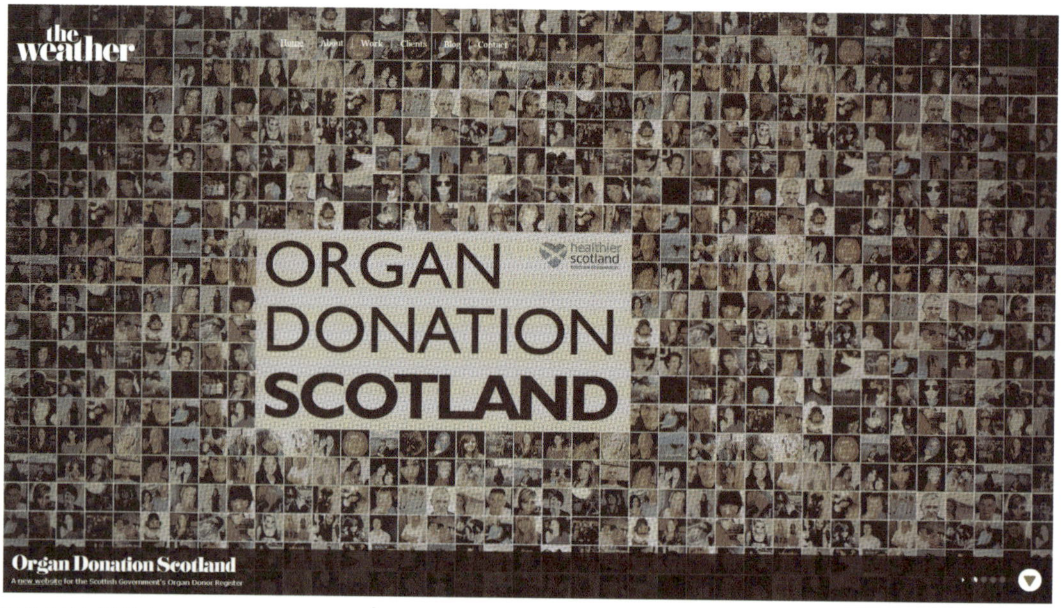

图 2–81　The Weather 团队网站首页 / www.wearetheweather.co.uk / 爱尔兰

黑色主调 + 对比调
（图 2–82）

图 2–82　Thepixelbureau 网站首页 / thepixelbureau.com / 英国

灰色主调 + 单色调
（图 2–83）

图 2–83　Vool 网站内页 / vool.me / 德国

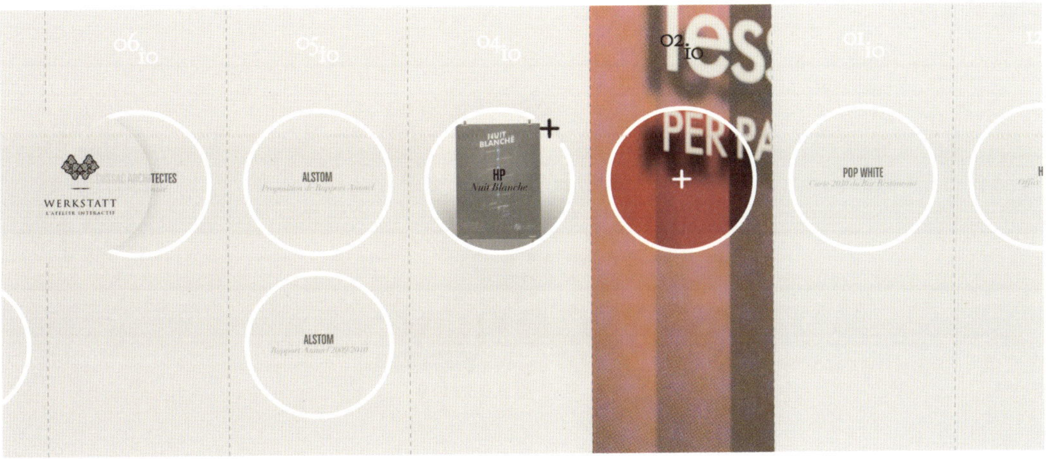
WERKSTATT
ALSTOM
HP
Nuit Blanche
POP WHITE
ALSTOM

灰色主调 + 单色调
（图 2–84）

图 2–84　Werkstatt 网站内页 / www.werkstatt.fr / 法国

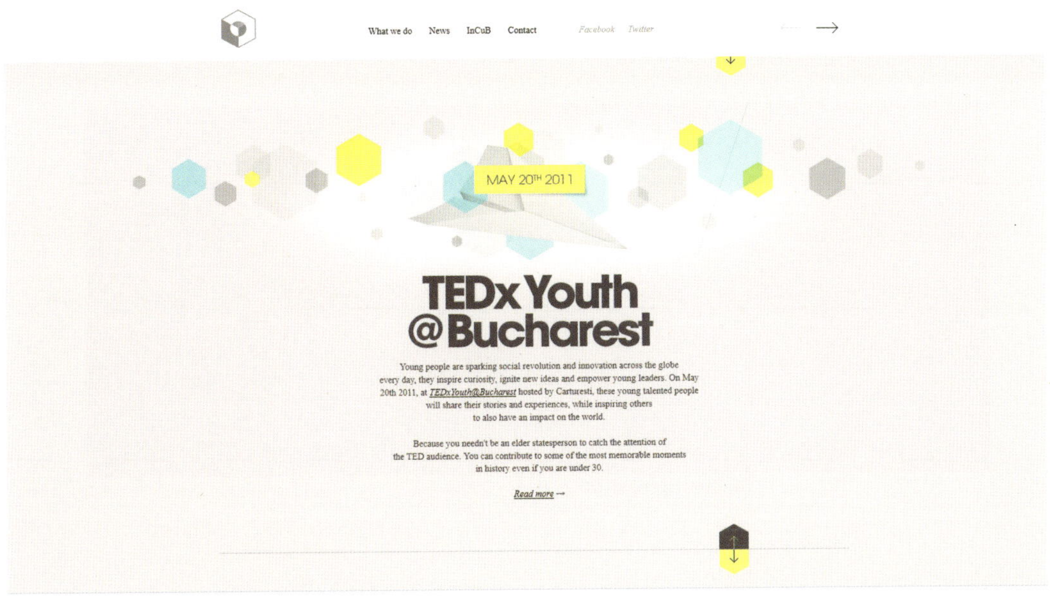
What we do
News
InCuB
Contact
Facebook
Twitter
MAY 20TH 2011
TEDx Youth
@Bucharest
Young people are sparking social revolution and innovation across the globe every day, they inspire curiosity, ignite new ideas and empower young leaders. On May 20th 2011, at TEDxYouth@Bucharest hosted by Carturesti, these young talented people will share their stories and experiences, while inspiring others to also have an impact on the world.
Because you needn't be an elder statesperson to catch the attention of the TED audience. You can contribute to some of the most memorable moments in history even if you are under 30.
Read more →

灰色主调 + 近似调
（图 2–85）

图 2–85　Incub 网站内页 / www.incub.ro / 罗马尼亚

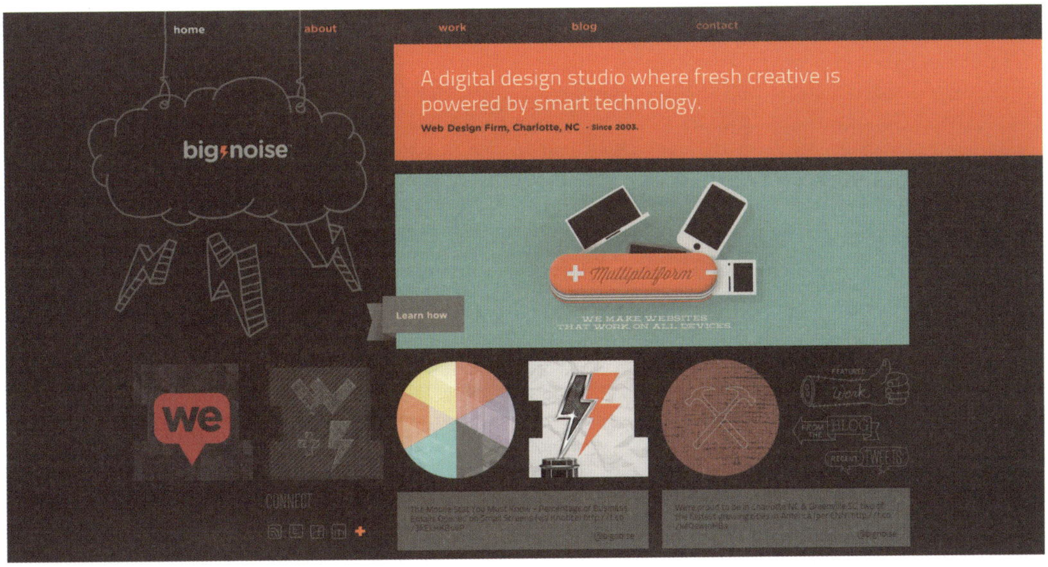
home
about
work
blog
contact
A digital design studio where fresh creative is powered by smart technology.
Web Design Firm, Charlotte, NC · Since 2003.
big noise
Learn how
Multiplatform
WE MAKE WEBSITES THAT WORK ON ALL DEVICES
we
CONNECT

灰色主调 + 对比调
（图 2–86）

图 2–86　Bignoise 网站内页 / www.bignoise.com / 美国

白色在网站中可谓使用的最多的颜色。

白 + 单色调

（图 2–87）

（图 2–88）

白 +

图 2–87　Dentsunetwork 网站首页 / www.dentsunetwork.com / 美国

白 +

图 2–88　Memilcha 网站首页 / memilcha.co.kr / 韩国

白 + 近似调

（图 2–89）

（图 2–90）

+

图 2–89　东风本田网站首页 /www.dongfeng-honda-insight.com

+

图 2-90 Sambroadbent 网站首页 / www.sambroadbent.co.uk / 美国

白 + 对比调

（图 2-91）

（图 2-92）

+

VS

图 2-91 Dachaeumsu 网站首页 / www.dachaeumsu.com / 韩国

+

VS

图 2-92 Sambroadbent 网站首页 / www.sambroadbent.co.uk / 美国

图 2-93　Witcreative 网站首页 / www.witcreative.info / 印度尼西亚

图 2-94　Stationnementsurmesure 网站首页 / www.stationnementsurmesure.com / 加拿大

图 2-95　tatchies 网站首页 / www.tatchies.com / 美国

④ 网站配色工具

有很多工具可以帮助选择合适的配色方案，介绍几款免费的配色工具网站。

Pictaculous——www.pictaculous.com

Pictaculous 是一个方便的配色工具，可以从用户选择的图片中提取颜色并生成配色方案，而且提供 Kuler 和 COLOURlovers 这两个网站里类似的配色方案。（图 2–96）

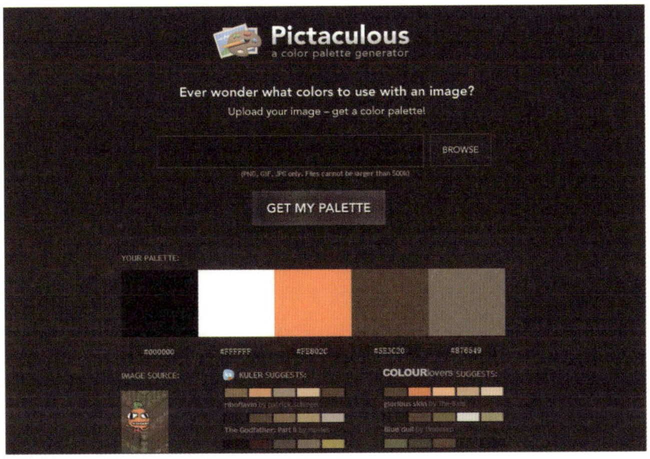

图 2–96　Pictaculous 网站 / www.pictaculous.com / 美国

Kuler——kuler.adobe.com

Kuler 是 Adobe labs 所开发的一种色彩配置的工具。kuler 内建了六种不同的配色规则，用户可以根据不同的配色规则挑选自己喜欢的颜色，kuler 会根据使用者挑选的颜色及配色规则，产生出各种不同的颜色组合。（图 2–98）

图 2–98　Kuler 网站首页 / kuler.adobe.com / 美国

COLOURlovers——www.colourlovers.com

COLOURlovers 是一个以色彩为主题的社群讨论网站。COLOURlovers 提供色彩搜索的功能，输入用户想要的色彩形容词，例如 fresh，就会出现很多关于 fresh 的配色方案。用户也可以上传自己喜爱的颜色或色彩方案分享讨论，网站还提供一些杂志的配色和单一色彩方案、大师访谈和色彩讨论文章。该网站同时提供许多网页设计时可能会用到的素材和图形以及各种配色的花纹图案，对网页设计师有很大的帮助。（图 2–97）

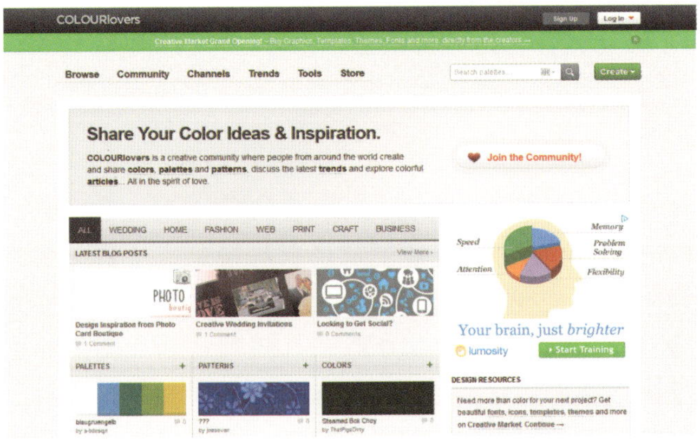

图 2–97　COLOURlovers 网站 / www.colourlovers.com / 美国

AVA7 PATTERNS——patterns.ava7.com

该网站的花纹背景以色系和图案基本形区分，都是四方连续的，方便大面积铺开且看不出拼合的痕迹，花纹尺寸很小，不会影响网站的载入速度。（图 2–99）

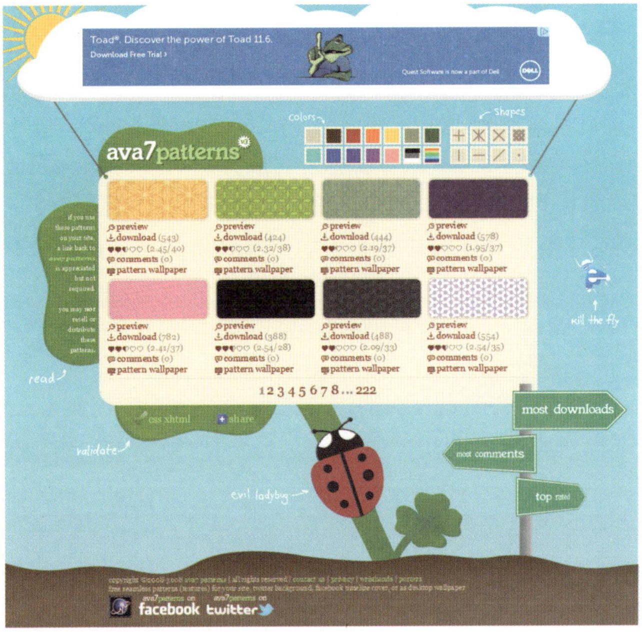

图 2–99　AVA7 PATTERNS 网站 / patterns.ava7.com / 美国

5）网页中的多媒体

① 图片与动态图片

静态图片是网页中最常使用的图形媒介。在网页中使用图片时，需要考虑图片所要传达的意识形态或信息内容是否与网站主题相吻合，图片的色彩、图案、风格等是否与网页的整体风格相适应。

动态元素通常可以很自然地成为网页上最吸引人的视觉焦点，因为运动的东西总是比静止的东西更容易抓住人们的眼球，对浏览者具有充分调动的作用。也因为这样的原因，我们需要更为慎重地决定在何时或何处使用动态元素。动态图片是动态元素中最经济、最易制作的一种，但如果使用不当，不但使浏览者眼花缭乱、烦躁，而且会让网站的形象大打折扣，缺乏信任感。

判断一个动画元素是否有存在的必要，可以使用以下的法则：动态的图像能不能让信息比静态图片展示得更清晰或更生动。要明白动态信息可以引起用户的注意，但不代表能让用户清楚完整地接受信息的内容，也就是“注意到”≠“看得清楚”。如果图像动态化后反而让内容难以阅读，则没有必要保留。

常用格式

JPEG

JPEG 是由国际标准组织（ISO）和国际电话电报咨询委员会（CCITT）为静态图像所创建的第一个国际数字图像压缩标准，也是至今一直在使用的、应用最广的图像压缩标准。JPEG 由于可以提供有损压缩，因此压缩比可以达到其他传统压缩算法无法比拟的程度。JPEG 图片文件最普遍使用的扩展名格式为 .jpg，其他常用的扩展名还包括 .jpeg、.jpe、.jfif 以及 .jif。

GIF

我们网上常见的小动画大多是 GIF 格式的，也叫逐帧动画，就是由几张图合在一起的图片（也有是单帧的），它有以下几个特点：

a. GIF 只支持 256 色以内的图像；
b. GIF 采用无损压缩存储，在不影响图像质量的情况下，可以生成很小的文件；
c. 它支持透明色，可以使图像浮现在背景之上；
d. GIF 文件可以制作动画，这是它最突出的一个特点。

PNG

PNG 的英文全称为 Portable Network Graphics，即便携式网络图片。PNG 格式是非失真性压缩的，使用类似于 GIF 格式的调色板技术，支持真彩色图像，并具备 alpha 通道（半透明）等特性。PNG 格式图片因其高保真性、透明性及文件体积较小等特性，被广泛应用于网页设计、平面设计中。gif 格式虽然具有透明性，但其只是对其中一种或几种颜色设置为完全透明，并没有考虑对周围颜色的影响，透明通道的边缘效果粗糙。如图 2–100，PNG 格式的阴影部分，透明通道边缘保真度高。而 GIF 格式的阴影透明通道处则完全没有通透感。这是 PNG 格式文件的极大优势，不过同样像素的文件，PNG 要比 GIF 文件尺寸大些，且 PNG 不能制作动画。

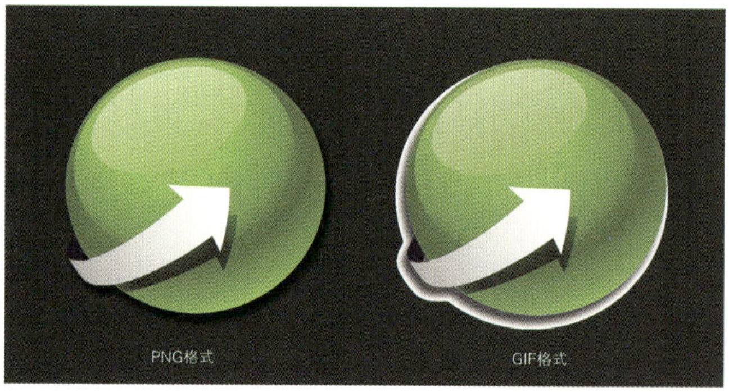

图 2–100　带透明通道的 PNG 格式文件与 GIF 格式编排在同一背景上的效果对比 / 李蓟宁 / 2013

SVG

SVG 可缩放矢量图形（英语：Scalable Vector Graphics，SVG）是基于可扩展标记语言（XML），用于描述二维矢量图形的一种图形格式。SVG 是国际互联网标准组织在 2000 年 8 月制定的一种新的二维矢量图形格式，也是规范中的网络矢量图形标准。SVG 严格遵从 XML 语法，并用文本格式的描述性语言来描述图像内容，因此是一种和图像分辨率无关的矢量图形格式。

SVG是基于XML的，它提供无可匹敌的动态交互性，这也是区别于其他图像格式的一个重要特征。SVG文件中嵌入动画元素（如运动路径、渐现或渐隐效果、生长的物体、收缩、快速旋转、改变颜色等）或通过脚本定义来达到高亮显示、声音、动画等效果。

SVG具备了JPRG和GIF无法提供的优势，用户可以任意缩放图像显示，而不会破坏图像的清晰度、细节等。SVG图像提供一个1 600万种颜色的调色板，支持ICC颜色描述文件标准、RGB、线X填充、渐变和蒙版。SVG图像在屏幕上总是边缘清晰，它的清晰度适合任何屏幕分辨力和打印分辨力。而且，SVG文件比那些GIF和JPEG格式的文件要小很多，因而下载也很快。SVG图像还有一点是优于各种图形格式的特点，就是它的文字独立于图像，文字保留可编辑和可搜寻的状态。也不会有字体的限制，用户系统即使没有安装某一字体，也会看到和制作时完全相同的画面。

SVG Developer、Adobe Illustrator、SVG MAKER等软件都可以编辑与制作SVG图形。

② flash动画

Flash是基于矢量图形的动画软件，生成的文件非常小，特别适用于网络传播。在网页设计中，Flash动画作品除了以“流式播放动画”播放以外，如:Flash动画短片、FlashMV，还具有一定交互性特点的形式。很多网站用Flash制作页面中的网络广告、形象展示动画、网站导航栏动画、图片展示动画、交互动画，及网站注册、登陆、计算等系统。

也有一些网站，为了展示自己的个性，使用Flash来制作整个站点。这样的Flash动画网站可以建立美好的视觉感官、互动性。Flash也有一个巨大的安装基础，所以它方便地避开了浏览器兼容性的问题。

但Flash存在自身的缺点。

a. 大部分用户经常使用的拷贝/剪贴/回到上一页、字体放大与缩小、开启新网页等指令，是无法呈现在Flash上的。

b. 尽管像Google这样的大型搜索引擎，现在具备了对Flash做索引的能力，但搜索内容仍然非常有限，所以Flash网站不会在搜索引擎中获得好的排名。

c. Flash网站需要浏览器支持，并且还要安装Flash Player插件才能浏览，这无形中提高了浏览网站的门槛，对于广大用户来说，安装Flash Player插件是个很麻烦的问题。

d. 如果Flash网站很大，架构又不完善，会导致载入时间比较长。即使Flash网站优化得很好，也很考验带宽底端的用户的耐性。

e. Flash无法在大部分移动设备上显示。

随着浏览器对于CSS支持的进步，极多的Javascript参考数据使网站设计起来更为简易，HTML技术就能够做出与Flash效果相似的网站。现今，虽然Flash在很多网站上还在使用，但软件自身的应用已经朝着网络游戏的方向发展。如：Yahoo、Games、Sesame Street、Nickelodeum等儿童游戏，都使用了Flash。

③ 视频

视频具有形象具体、多样化、开放性、动感、互动性强的特质，是一种最直接有效的媒介，因为它所受的关注度比较普遍，加上声音和画面，都能给人直观而生动的感受。除了各在线视频网站以视频为主要传播媒体外，其他各类网站也使用视频来进行企业或产品的宣传。幻想去通讯网站www.vgooo.com就有很多手机评测的视频来解释不同手机的功能与对比。美国政府网站www.whitehouse.gov的WhiteHouse Live就是以在线视频的形式向民众实时播报政府的决策与新闻。

近年来，日渐流行采用以视频充满整版作为网页背景的设计，这样可以形成强烈的视觉表达效果。Nealite设计机构网站首页背景的影像是一位设计师在绘制UI界面草图，视频非常形象直观地表明了机构的业务性质，让浏览者更贴近设计师的工作状态，感受设计师的专业和专注。（图2–101）

nealite
AGENCE
RÉFÉRENCES
ÉQUIPE
BLOG
CONTACT
nous designons des expériences engageantes
Agence fondée à Paris en 2005, nous aidons nos clients à créer une dynamique d'innovation grâce à nos méthodes de design. Nous concevons des services et des interfaces centrés utilisateurs pour le web, la télévision et le mobile.
L'AGENCE
NOS RÉFÉRENCES
ACCUEIL
AGENCE
RÉFÉRENCES
ÉQUIPE
BLOG
CONTACT
Nous suivre sur :
Twitter
Facebook
Flickr
Dribbble
Google+
Pinterest
Nous designons des services et des interfaces centrés utilisateurs pour le web, la télévision et le mobile.

图 2–101　Nealite 网站首页 / www.nealite.fr / 法国

在网页使用视频的时候，应当仔细考量，确定必要性。只有当它们能为网站提供实质性帮助的时候才应用。因为与图片相比，视频需要投入更多制作精力、时间与费用。

常用格式

WMV

WMV 的英文全称为 Windows Media Video，是微软推出的一种采用独立编码方式并且可以直接在网上实时观看视频节目的文件压缩格式。WMV 格式的主要优点包括：本地或网络回放、可扩充的媒体类型、部件下载、可伸缩的媒体类型、流的优先级化、多语言支持、环境独立性、丰富的流间关系以及扩展性等。

RM

RM 全称 Real Media，是 Real Networks 公司所制定的音频视频压缩规范，用户可以使用 Real Player 或 Real One Player 对符合 Real Media 技术规范的网络音频 / 视频资源进行实况转播，并且 Real Media 可以根据不同的网络传输速率制定出不同的压缩比率，从而实现在低速率的网络上进行影像数据实时传送和播放。优点在于原本很大的音 / 视频文件转换成 RM 文件后，RM 文件可以很小而质量损失不大，有利于在网络上传输，以达到实时播放。

RMVB

RMVB 是 Real Media Variable bitrate 的简称，是 Real Networks 公司于 2002 年推出的新型编码技术，是在流媒体的 RM 格式上升级延伸而来。

ASF

ASF(Advanced Streaming Format) 是由微软（Microsoft）公司推出的一种高级流媒体格式，也是一个可以在 Internet 上实现实时播放的标准格式，可以使用 Windows Media Player 播放器播放。ASF 与 RM 格式相比，通常 RM 视频更柔和一些，而 ASF 视频则相对清晰一些。

MOV

MOV 是美国 Apple 公司开发的一种视频格式，默认的播放器是苹果的 QuickTime Player。具有较高的压缩比率和较完美的视频清晰度，其最大的特点是跨平台性，不仅能支持 MacOS，也能支持 Windows 系列。

MP4

MP4 有两种概念：一种是指继 MP3 之后的音乐格式，从技术层面讲，MP4 使用的是 MPEG-2 AAC 技术，不能理解为 MPEG-1 Layer 4 格式。另外一种是指支持 MPEG-4 这种视频格式的便携式播放器，对于视频 MP4 最流行的压缩方式为 DivX 和 XviD。其实，MP4 技术对音频、视频都可以压缩，平时电脑上有些需要安装什么插件（DIVX、FFDSHOW）之类的才能看的电影就属于 MP4R 范畴。

FLV

FLV 是 FLASH VIDEO 的简称，全称为 Flash Video。FLV 是随着 Flash MX 的推出发展而来的视频格式，由于它形成的文件极小、加载速度极快，使得网络观看视频文件成为可能，目前各在线视频网站均采用此视频格式，如优酷、土豆、酷 6、新浪播客、56、youtube 等。FLV 是目前增长最快、最为广泛的视频传播格式。

④ 音频

视觉的元素一直是网页中令人关注的主角，听觉元素也不能忽略，音频在网页设计中扮演着日益重要的角色，听觉元素的加入，能让用户整体体验更加丰富。音频在网页中的作用主要是配乐、音效和传递信息。在网页中加入音频，需要注意设置好刚打开页面时的声音大小，而且要让用户能够控制音频的播放、暂停以及强弱。

常用格式

MIDI 或 MID

Musical Instrument Digital Interface（数字接口电子乐器）使用电子合成器制作出来的音乐，采用数字方式对乐器的声音进行记录，播放时再对这些记录进行合成。MIDI 文件不能录制，必须在计算机上使用特殊的硬件和软件进行人工合成。优点：文件非常小，适用于网页背景音乐、游戏软件或手机铃声。很多浏览器不用插件也可以支持 MIDI 文件。

WAV

Wave Audio Files（波形声音文件）是微软公司开发的一种声音文件格式，是最早的数字音频格式。WAV 文件有好的声音品质，可以从 CD、磁带、麦克风等输入设备录制，很多浏览器不用插件也可以支持 WAV 文件。但因为没有经过压缩，文件庞大，限制了在网页上使用声音剪辑的长度，不便于网络交流与传播。有时用于网页中较短的声音特效。

MP3

MPEG-Audio Layer-3 是采用国际标准 MPEG 中的第三层音频压缩模式对声音信号进行压缩的一种声音格式。简单地说，MP3 就是一种音频压缩技术，由于这种压缩方式的全称叫 MPEG Audio Layer3，所以人们把用这技术做成的文件简称为 MP3。MP3 声音品质非常好，如果正确地录制和压缩 MP3 文件，其声音品质可以和 CD 媲美。MP3 是网络上流行的音乐媒体格式，用户就无须等待下载整个文件便可以听到音乐。若要播放 MP3 文件，来访者必须下载并安装一个辅助应用程序或者插件，比如 windows media player 或者 real player。

WMA

Windows Media Audio 是由微软开发的音频格式。WMA 格式具有比 MP3 更高的压缩比（生成的文件大小只有相应 MP3 文件的一半）并支持流媒体技术，可以一边下载一边播放，适合于网络上使用，只要安装 Windows media player 播放器即可播放。

RA、RAM、RPM 或 real audio

.ra、.Ram、.rpm 或 real audio 有非常高的压缩比，所以比 MP3 文件还要小。完整的歌曲文件可以在较短的时间内完成下载。由于该类文件可以从一个普通的 Web 服务器上“流式”播放，所以来访者可以在文件还没有完全下载之前便开始欣赏音乐。这类文件音质不如 MP3 文件，但最新版本的播放器和解码器已经极大地提高了声音品质。来访者必须下载并安装 real player 应用程序或者辅助插件来播放这些文件。

⑤ 音频与视频的转换小工具

格式工厂（Format Factory）是一套由国人陈俊豪开发、可免费使用、任意传播的万能的多媒体格式转换软件，适用于 Windows 系统。（图 2–102）

主要功能：所有类型视频转换为 MP4、3GP、MPG、AVI、WMV、FLV、SWF、RMVB（rmvb 需要安装 Real player 或相关的译码器 [2]）等常用格式（包括开放格式）。

所有类型音频转换为 MP3、WMA、AMR、OGG、AAC、WAV 等常用格式（包括开放格式）。

所有类型图像转换为 JPG、BMP、PNG、TIF、ICO、GIF、TGA 等格式（包括开放格式）。

转换过程中可修复某些损坏的视频。

媒体文件压缩。

可提供视频的裁剪。

支持 iPhone、iPod、PSP 等媒体定制格式。

转换图像档案支持缩放，旋转，数码水印等功能。

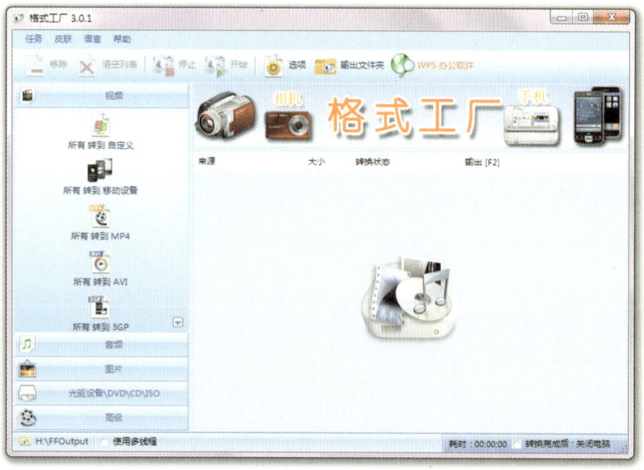

图 2–102　格式工厂软件界面

4. 实践程序

实践程序主要包含三个任务：客户沟通与调研、网站页面设计、作品发布与展示。其中，网站页面设计是最重要的任务，共细分为 10 个小任务，让刚刚接触网页设计的学生可以按部就班，融合上一节讲述的知识点，通过 10 个小任务组合起来完成一个完整页面的设计，初步了解网页设计的步骤与方法。

任务 1　客户沟通与调研

① 确定项目，与客户沟通网站页面要求

与客户沟通设计要求，是做任何设计项目的第一步。如这次的项目是制作学院的课程网站页面，这一步主要是与课程负责人沟通课程网站的页面设计要求。

做不同课程的网页既有共性也有个性。共性的地方是都属于高校学科建设的内容，所以网页的设计要突出学术氛围和清爽、大气的格调。个性之处是由于学科、专业的不同，对页面选择的元素、色调、风格等都不相同。

在与课程负责人沟通的过程中，有些负责人对于网站已经有基本的概念，提的要求会比较具体，比如在设计《内科护理》课程网站页面时，负责人提出要白绿色系，界面中要出现南丁格尔像、南丁格尔奖章、十字架等元素，相关照片主要表现上课时的情景。大部分课程负责人不会提出具体的页面设计效果要求，这就需要进一步的沟通，了解更多信息，如：学科背景、页面中的照片需要表现哪方面的内容，是否有意属的网站效果……

只有对该门课程有深入的了解，才能为课程设计符合其特性的方案。

② 调查与研究同类网站页面设计

调研同类课程网站，既可以了解该学科或行业普遍的设计需求，为客户提供可参考案例；又可以对比分析、拓宽思路，取其精华，去其糟粕。比如在做《PCL与外围设备应用》这门课程网站页面设计的时候，调研发现大部分院校的同类课程网站都是以蓝色为主调，再配以相关的图片。如广东建设职业技术学院的《电气控制与PLC网络教学资源网》和马鞍山职业技术学院的《电气控制与PLC精品课程》。（图2–103、图2–104）

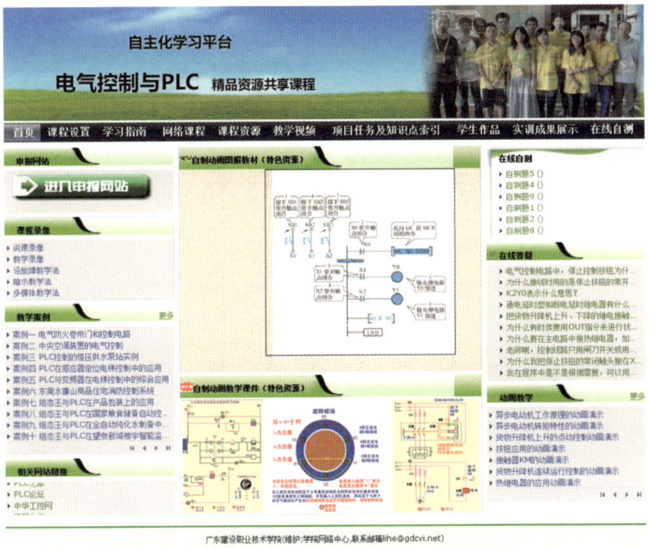

图 2–103　电气控制与 PLC 网络教学资源网首页 / 广东建设职业技术学院

图 2–104　电气控制与 PLC 精品课程网站首页 / 马鞍山职业技术学院

我们在设计方案的时候需要考虑既要突出学科特质，又要区别于同类的课程网站，所以选择浅蓝色与橙红对比色调，配合学生实训的图片。红色调不宜占据太多的版面空间，所以图片尽量处理成冷调。最终设计效果如图 2–105。

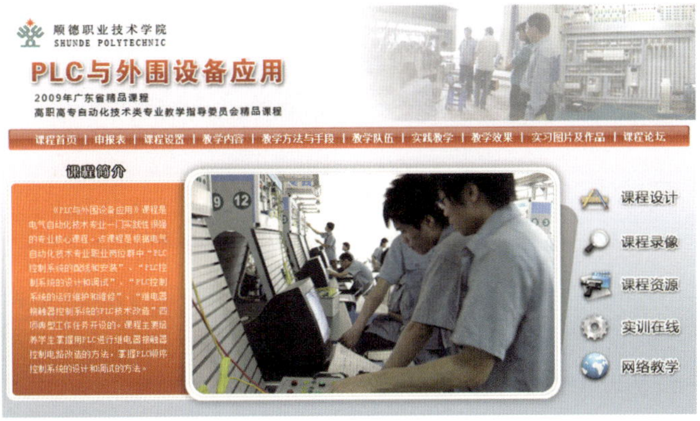

图 2–105　PCL 与外围设备应用首页（左）、内页（右）/ 顺德职业技术学院

任务 2　网站页面设计

① 页面布局分析

课程网站页面的布局是统一的，每门课程的设计不同，但是框架是一样的。首页基本布局是标题和导航之下放置三栏，最醒目的中间一栏是放置动态图片演示，边上的左栏是课程介绍，右栏放置重要导航链接。

内页的统一布局是标题和导航与首页一致，之下放置左右两栏，左栏较窄为子导航、重要导航链接和友情链接，右栏为内容显示区域。

为了确保每门课程都能与后台很好地对接，每门课程页面的切片必须都是一样的。切片框架划分如图 2–106，图 2–107。

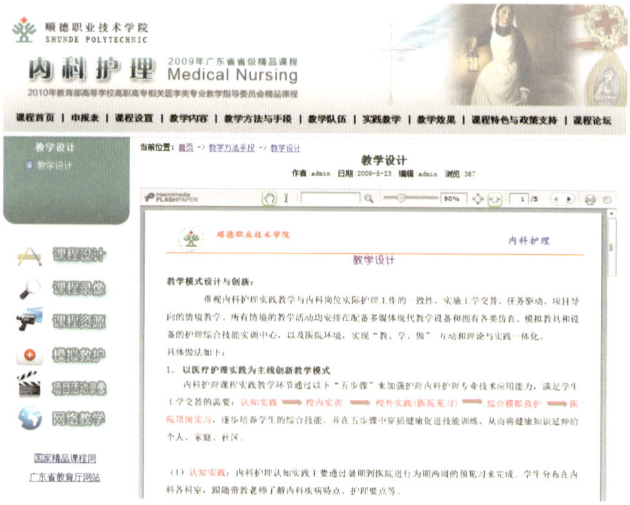

首页切片划分如下图 ↓

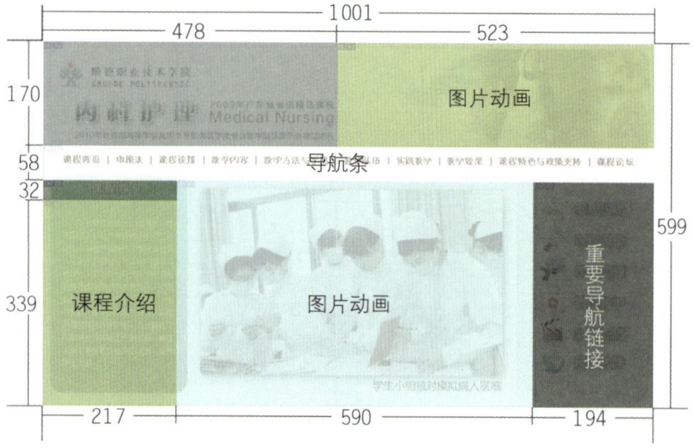

图 2–106　课程网站首页切片框架 / 内科护理课程网站 / 顺德职业技术学院

首页切片划分如下图 ↓

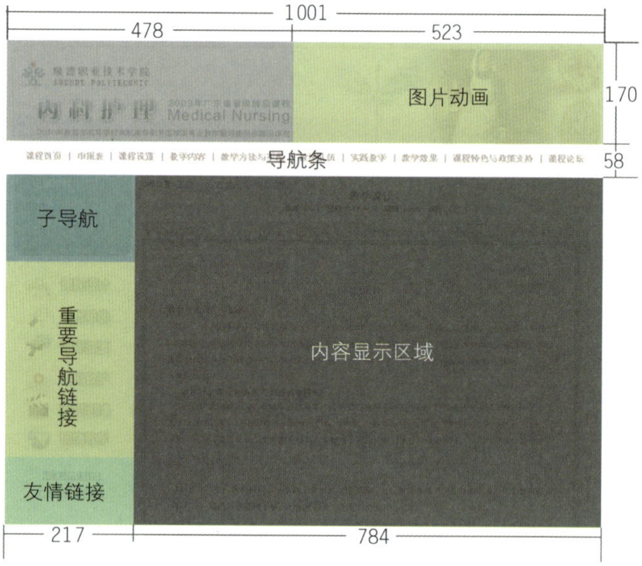

图 2–107　课程网站内页切片框架 / 内科护理课程网站 / 顺德职业技术学院

② 搜集与拍摄素材

经过沟通与调研，设计好页面布局后，明确网站需要的素材主要是顶栏和首页中栏制作动画所需的图，大概 15 ~ 20 张。

图片主要有以下几类：

a. 有些图片可以在网上搜集，比如《内科护理》课程网站里需要用到的南丁格尔像、南丁格尔奖章、十字架等元素。

b. 有些照片需要拍摄，比如学生的实训情景、教师讲课情景、实训设备等。
c. 有些照片需要课程负责人提供，比如课程介绍、课程已有建设资料、奖状等。

③ 首页面整体效果设计

页面一般可以用 Photoshop 设计，把切片做好后输出为 HTML 文件，再到 Dreamweaver 整合动画等其他部件一起编排。课程网站页面的切片是一样的，设计要在固定的框架里做。很多同学一看到框架都定好了，便觉得这个设计只是在素材和色调上变化。其实，虽然整体布局是固定的，而且每个部分的尺寸都有具体的参数限制，但是每门课程的页面还是可以突破框架，利用视觉的错觉和惯性延伸，在形式和细节上做出很多变化的。比如《汽车底盘车身电子控制系统结构与检修》课程网站，在网站结构与切片一致的基础上，通过背景图的渐变弧形效果突破了框架的划分。（图 2–108）

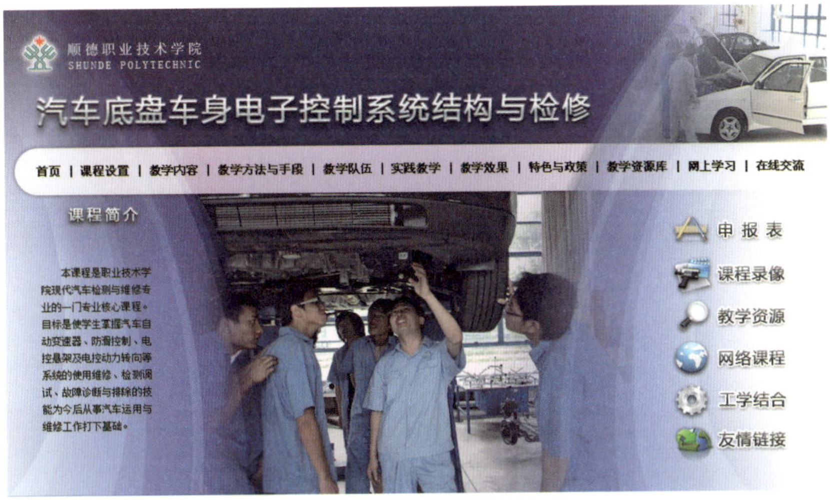

图 2–108　汽车底盘车身电子控制系统结构与检修课程网站首页 / 顺德职业技术学院

比如《市场营销实务》课程网站，同样网站在结构与切片一致的基础上，中间一栏通过三维立体图与二维平面的空间对比效果形成了网站主页的视觉中心，打破了原有框架的划分。（图 2–109）

图 2–109　市场营销实务课程网站首页 / 顺德职业技术学院

④ 顶栏文字编排设计

a. 字体与效果的选择符合课程特点。如《酒店督导管理》的网站名称用的是优雅柔美的“粗倩简体”，把字体倾斜，更显动感时尚，渐变和外发光的效果使标题更有层次和质感。（图 2–110）

图 2–110　酒店督导管理实务课程网站标题 / 顺德职业技术学院

b. 课程名称与课程荣誉等编排必须主次有序，如《内科护理》课程的网站要在顶栏左侧把标题中英文和 2 项课程荣誉都编排好，内容比较多，还要兼顾上面的学院标志与下排导航栏的文字之间的关系。这需要充分考虑字体大小与文字疏密的对比，还有文字颜色的选择。（图 2–111）

⑤ 导航条设计

导航条的位置是固定的，横一排，主要是设计造型和色彩。设计要点是能烘托和配合整个页面的设计风格。各个标题文字为按钮，文字的背景图只是衬托作用，每个文字按钮由“|”隔开，整体的一排按钮就是一行文字，文字的字体是后台设定好的，可以改变颜色，导航条上的条目内容由课程负责人提供。

导航条的设计主要有三种方式：

a. 单独设计，如图 2–108《汽车底盘车身电子控制系统结构与检修》和图 2–109《市场营销实务课程》课程的导航设计。

b. 与顶栏相连，作为一个统一部分设计，如图 2–106《内科护理》课程的导航设计。

c. 与下面三栏相连，作为一个统一部分设计，如图 2–112《房务管理实务》课程的导航设计。

字体大，字距宽　　字体小，字距密

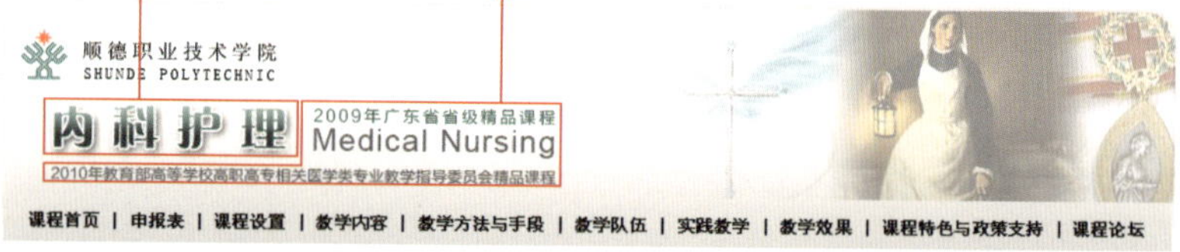

● 红点的大小反映各行文字间的距离，也就是各元素间的关系。需疏密有序。

字体颜色要有所区别，控制在 2 种色调以内

字体颜色太多，版面易显混乱，缺乏专业感

字体色调以区块分布，更易把握整体效果

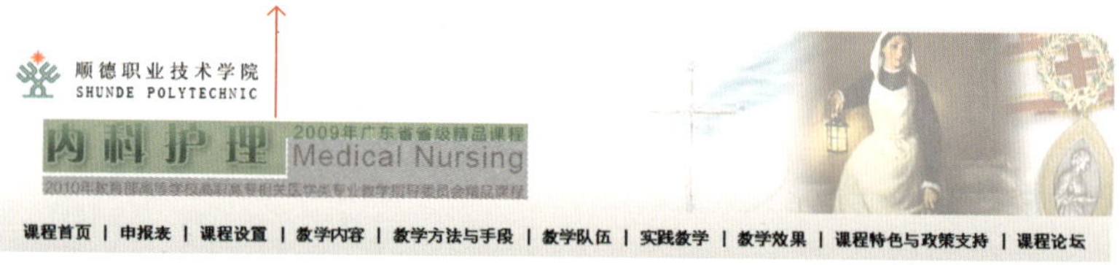

图 2–111 《内科护理》课程网站顶栏文字编排设计 / 顺德职业技术学院

图 2–112　房务管理实务课程网站首页 / 顺德职业技术学院

d. 与顶栏和下面三栏相连作为一个统一部分设计，如右图 2–113《思想道德修养与法律基础》课程的导航设计。

⑥ 图标设计

右栏的重要导航链接，每个链接都有一个图标符号配合小标题，图标本身的设计要能反映小标题的含义。如“课程录像”这个图标采用摄影机与场记板作为设计元素，能很好地表达这个部分的内容性质。(图 2–113)

图 2–113　思想道德修养与法律基础课程网站首页 / 顺德职业技术学院

同一个网站所用的图标风格应该一致，并且能很好地配合页面的格调。如：《系列家具产品开发实训》课程网站的图标设计，造型简洁明了，整体风格与色调都能很好地融入到网站的设计中。(图 2–114、图 2–115)

图 2–114　系列家具产品开发实训课程网站首页图标设计

图 2–115　系列家具产品开发实训课程网站首页图标应用效果 / 顺德职业技术学院

⑦ 优化网页中的图片

需要上网的图片都需要“减肥”，也就是压缩图片文件的尺寸，但尽量保留图片的精度，这就可以保证图片在比较完美的质量、比较小的文件尺寸下被浏览或下载。一般通过后台上传的图片，比如上传到博客、网站后台等发布的图片，一般后台会统一对图片进行压缩，以控制文件大小。但对于制作网页的图片，“减肥”则需要借助工具。可以压缩图片的小软件有很多，网页设计比较常用的是 Photoshop 里的“储存为 Web 和设备所用格式”。碰到大批图片需要处理的时候，还可以配合 Photoshop 的“批处理”功能一起使用。

课程网页设计中，顶栏和下面中栏都有图片切换的动画，在制作动画以前，要把相关图片进行处理。

a. 用 Photoshop 的“色阶”、“曲线”、“色彩平衡”、“色相 / 饱和度”等工具最大程度地美化一下。
b. 图像大小调整到适合动画制作的宽度和高度。
c. 优化图片。

⑧ 图片动画设计

图片的动画主要用Flash完成，主要是图片的切换。切换的方式有很多，如：淡出淡入、划出划入、移出移入等，有时候也可以加入一下简单的元素效果引出图片，如：《思想道德修养与法律基础》课程网站就把太阳光斑的圆点光效作为过场元素穿插在图片切换中，既能配合页面整体效果，还烘托出积极向上的气氛。(图2–116)

图 2–116　思想道德修养与法律基础课程网站首页动画过场效果 / 顺德职业技术学院

在制作动画的时候有一点要注意，不需要在一个动画里浓缩太多切换方式。单一的切换变化会使动画乏味，但变化太频繁则会使浏览者眼花缭乱。可以在一种切换方式里寻求不同的变化，比如：不同形状的划出划入，同一种元素效果过场（如《思想道德修养与法律基础》课程网站的光效）不同强弱的变换。另外，动画的节奏要张弛有度，图片切换不宜过快，图片定格3秒左右为宜，过场时间控制在0.5–1秒。

⑨ 首页整体效果调整

a. 页面用Photoshop设计好后，按照设定的框架把切片做好。
b. 用“储存为Web和设备所用格式”输出为HTML文件。
c. 用Dreamweaver将在Flash里做好的动画整合到HTML文件里。
d. 测试。

⑩ 内页设计与调整（图2–117）

a. 1 内页顶栏直接应用首页顶栏的切片。
b. 2 子导航片区设计，可延续首页“课程简介”片区的风格。
c. 3 内页重要导航链接图标排序与首页的一样。

图 2–117　内页设计与调整

d. 设计④内容显示区域，这个片区不一定需要有外框，如：《系列家具产品开发实训》课程网站的内页左右两栏只是用了两根阴影线条划分，简洁明了。（图 2–118）

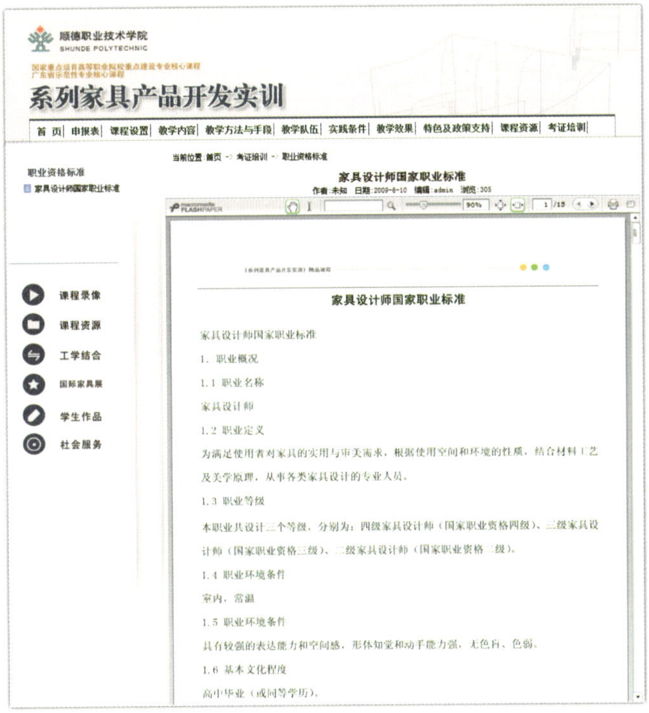

顺德职业技术学院
SHUNDE POLYTECHNIC
系列家具产品开发实训
首 页 | 申报表 | 课程设置 | 教学内容 | 教学方法与手段 | 教学队伍 | 实践条件 | 教学效果 | 特色及政策支持 | 课程资源 | 考证培训
当前位置：首页 -> 考证培训 -> 职业资格标准
职业资格标准
家具设计师国家职业标准
家具设计师国家职业标准
作者：未知 日期：2009-6-10 编辑：admin 浏览：305
课程录像
课程资源
工学结合
国际家具展
学生作品
社会服务
家具设计师国家职业标准
家具设计师国家职业标准
1. 职业概况
1.1 职业名称
家具设计师
1.2 职业定义
为满足使用者对家具的实用与审美需求，根据使用空间和环境的性质，结合材料工艺及美学原理，从事各类家具设计的专业人员。
1.3 职业等级
本职业共设计三个等级，分别为：四级家具设计师（国家职业资格四级）、三级家具设计师（国家职业资格三级）、二级家具设计师（国家职业资格二级）。
1.4 职业环境条件
室内，常温
1.5 职业环境条件
具有较强的表达能力和空间感，形体知觉和动手能力强，无色盲、色弱。
1.6 基本文化程度
高中毕业（或同等学历）。

图 2–118　系列家具产品开发实训课程网站内页 / 顺德职业技术学院

任务3　作品发布与展示

① 向客户提案与修改方案

每组同学把设计的几个方案向课程负责人提案。

a. 展示设计的结果。
b. 说明设计构思与开发的整个过程。
在这个过程中要对负责人提出的要求做好记录。

课程负责人也许会直接选中一个方案，但多数情况是选中一个方案后再进一步修改，面对客户意见的提出，首先要接受客户的信息，从内心以客户为中心，不要抵触客户。要弄清客户的想法，不要让沟通的结果变成只是“你觉得客户是这样认为的”。在沟通的过程中，不管客户是否正确，要记住，开口第一句话都要是“您的想法我了解”“我理解”“我认同”，然后才是“我们在考虑什么什么的基础上是否可以如何如何……”。

万一几个设计方案客户都不认同，首先要在自己身上找原因。

a. 设计方案是否经过仔细的筹备和推敲？不要把自己都不能认可的创意提交给客户。
b. 设计方案在市面上能不能脱颖而出？
c. 设计是否有站在客户的角度考虑问题？
这一定需要与指导教师开一次小组会议，把几个方案都拿出来，重新审视，把客户对每个方案的意见综合汇总，另辟新招。

如果设计方案被反复修改，也要先做自我检讨，与指导教师一起分析原因。

a. 是否与客户在沟通上有误区？
b. 每次的修改结果是不是真正对应了修改要求？
c. 是否针对客户的问题做了深入分析？
d. 有哪些修改是需要花费大量时间却没有与客户沟通的？
在社会环境中，也许会碰到无理取闹的客户，但更多的是设计师的引导不到位或者商务合作的经验不足。

② 作品课堂展示答辩

后续解决方案落实好，课程负责人通过后，再回到课堂，与大家一起分享经验，汇报成果。以ppt答辩的形式汇报这次课程网页设计的项目，主要有以下几个方面。

a. 课程简介，同类课程网页设计情况调研。
b. 课程负责人的要求。
c. 最初的设计方案、设计构思、开发过程。
d. 课程负责人的修改意见。
e. 修改过程。
f. 方案最终效果。

项目二　小型网站设计

在完成了项目一，能够独立设计好单个网站页面的基础上，我们进入项目二，来完成一个完整的网站设计。这个项目要求使用常用的网页设计工具，按照网站设计的基本流程建立网站，设计制作常见的静态和动态网页，完成网页效果图、网页动画和网页链接的设计与制作。

1. 作业要求

课程概况

课题名称：企业网站设计

课题内容：设计一个小型的网站，主题不限。网站需包含一个主页及至少 10 个以上链接页面。建议 3 个同学一组，每组为同一主题设计三个不同的方案。

课题时间：30 课时

训练目的：帮助学生掌握小型网站设计的技巧和方法。

① 能力目标

a. 设计与制作能力
掌握常规网站的规划。
掌握常规网站策划书的编写。
掌握常规网站效果图的设计。
掌握网站动画的设计。
熟练应用新技术 DIV+CSS 的布局网站。
熟练开发常规静态网站。
熟练完成常规网站的设计与规划。
了解维护常规网站。

b. 方法能力
能独立进行资料收集与整理能力。
能独立制定、实施工作计划。
具备简单的市场需求分析能力。
具备对用户需求的理解能力。
具备检查、判断能力。
具备理论知识的运用能力。

c. 社会能力
具有沟通能力及团队协作精神。
具有分析问题、解决问题的能力。
具有勇于创新、敬业乐业的工作作风。
具有质量意识、团队协作意识。

② 知识目标

了解网页设计与制作的基本知识。
熟悉网页设计与制作的基本业务过程。
掌握网页效果图制作的方法。
掌握网页排版的方法。
掌握图片处理的方法。
掌握文字处理的方法，
掌握网页发布的操作。
能熟练使用 Photoshop 设计网页效果图。
能熟练使用 Dreamweaver 进行网页排版。
能熟练使用 Flash 进行网页动画设计。
能根据制作需要进行图片、文字处理。

③ 素质目标
明确职业岗位所处的重要位置，不断提高自身职业能力。
树立实事求是、精益求精的职业意识。
培养分析问题、解决问题的能力。

设计要求：

① 内容要求

a. 网页内容积极向上、思想健康、有时代气息，网页内容充实、编排得当，符合网站主题。

b. 根据选题做好网页（网站）制作及设计规划报告书所需资料的搜集工作。

② 设计要求

a. 网页布局设计合理，美观和实用性并存。页面设计美观，色彩搭配和谐，字体设置合理，图片需针对网页进行处理、动画在网页中的运用适当。

b. 各网页之间的设计风格统一，符合设计原理。

c. 导航设计简洁明了，不能有“断链接”，保证页面能正常跳转，浏览过程流畅。

③ 技术要求

a. 网页中各种技术运用恰到好处，不为技术而技术。

b. 网页中应包含表格和多媒体（flash、背景音乐等）技术。

c. 网页中含有样式和行为技术（鼠标经过等）。

项目任务和时间安排：

企业网页设计项目　时间安排表

时间安排	任务	具体步骤
第 1 周	任务 1　确定项目	1. 确定项目
		2. 师生选题会议
	任务 2　客户沟通与研究任务，确定网站的定位	1. 与客户沟通网站的内容和功能
		2. 调查与研究同类网站页面设计
		3. 搜集可供客户参考的案例
		4. 师生网站定位讨论会议
	任务 3　网站技术解决方案	分析网站技术解决方案
	任务 4　网站内容规划	1. 向客户收取书面资料
		2. 对文档进行归类
		3. 统计网站有多少个栏目
		4. 制作网站架构图
		5. 进度交流
	任务 5　规划页面布局	1. 根据页面内容规划页面布局
		2. 绘制网页草图
		3. 页面草图讲评
第 2、3 周	任务 6　设计与表现	1. 页面电脑文件制作
		2. 网站效果讲评
		3. 网站链接制作
第 4 周	任务 7　测试与上传网站	1. 检查与测试网站
		2. 与导师、客户沟通网站页面效果
		3. 上传网站
	任务 8　作品发布与展示	1. 项目演示及答辩
		2. 客户上网浏览，验收

2. 设计案例

1）企业作品案例

本节选用的两个企业作品案例是网站设计中最常见的两种类型：形象展示型与信息罗列型；也是作者带队完成的与企业合作的具有代表性的案例。两个案例都非常完整地阐述了一个网站从接到项目到与客户沟通，从构思的形成到整个网站的设计完成以及客户每个阶段对设计进度的意见反馈。能让学生如同亲身经历般了解一个网站设计项目的实际操作流程。

① 形象展示型网站设计——中境景观规划设计有限公司网站

企业客户在不同的发展阶段，对于网站设计的需求并不一样。在企业初创阶段，企业建站的目的是打造品牌网络形象，开拓客户资源，这时候的企业客户更多的是关注自身的个性化，如何才能凸显企业的特质，如何才能在行业当中显示其独有的特性，这是初建网站的企业客户所重点关注的内容。

纯粹的形象展示型网站，主要通过艺术造型和设计布局，利用一系列与公司形象和产品、服务有关的图像、文字信息，组成一幅生动的画面，向浏览者展示一种形象、氛围，从而吸引浏览者进入浏览。这需要设计者具有良好的设计基础和审美能力，能够努力挖掘企业深层的内涵，展示企业文化。

中境景观规划设计有限公司（图2–119）是国内专业景观规划设计服务机构，承接各类园林设计项目，随着企业的发展壮大，需要在互联网上展示自己的形象，扩大宣传以及影响力。客户的诉求是为企业设计形象宣传网站，展示公司设计实力、介绍企业基本情况以及相关信息。

图 2–119　中境景观规划设计有限公司标志 / 顺德职业技术学院数字媒体工作室 / 2008

与客户沟通后，确定网站主要有案例展示、心得见解（做景观）、人才招聘、联系我们、公司简介五个部分。

在众多创意中，我们决定选用“树”的形象作为网站的载体，既有行业的特性，又取其生长、壮

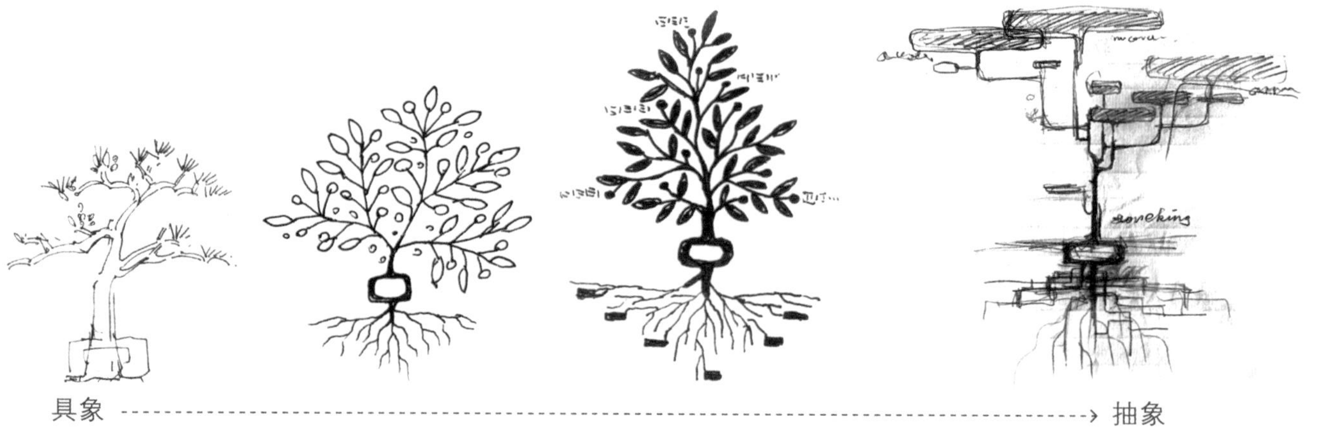

图 2–120　中境景观规划设计有限公司网站设计草图 / 顺德职业技术学院数字媒体工作室 / 2010

大、生命力旺盛的象征意味。究竟是怎么样的一棵树呢？我们对这棵树的形态做了几个设计方案，从一开始的具象形态，到最后从标志中间的负形延展出一个保留树形特征的抽象形态。（图 2–120）

在这个树的形态确定后，我们进一步将网站主题确定为“生命树”，网站围绕“生命树”的形态充分演绎了中境的思想。“中境”是一种东方的生活态度，也是设计的哲学思想；在中境的生命树里，人（设计师、客户）、物（设计作品）、思想（设计思想）在中境的孕育下不断成长，与此同时，它们彼此脉络相依，相辅相成，完美地构成了这棵充满生命力和创造力的“生命树”。（图 2–121）

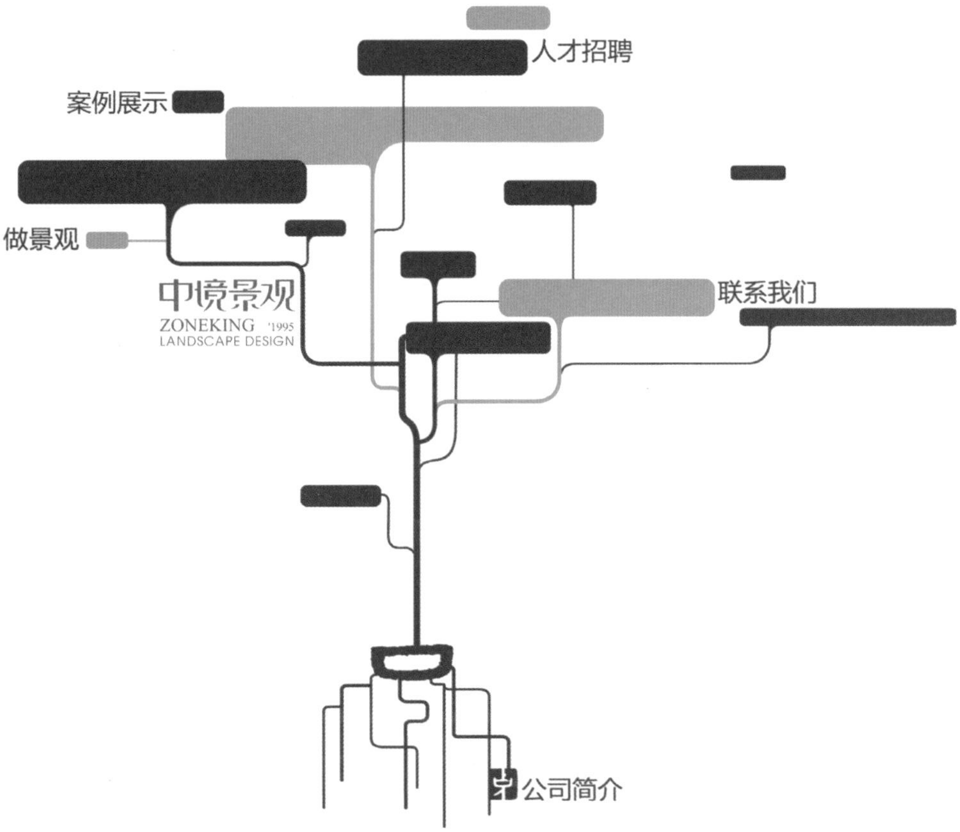

图 2–121　中境景观规划设计有限公司网站首页 / 顺德职业技术学院数字媒体工作室 / 2010

网站进站动画过程展示（图2–122）

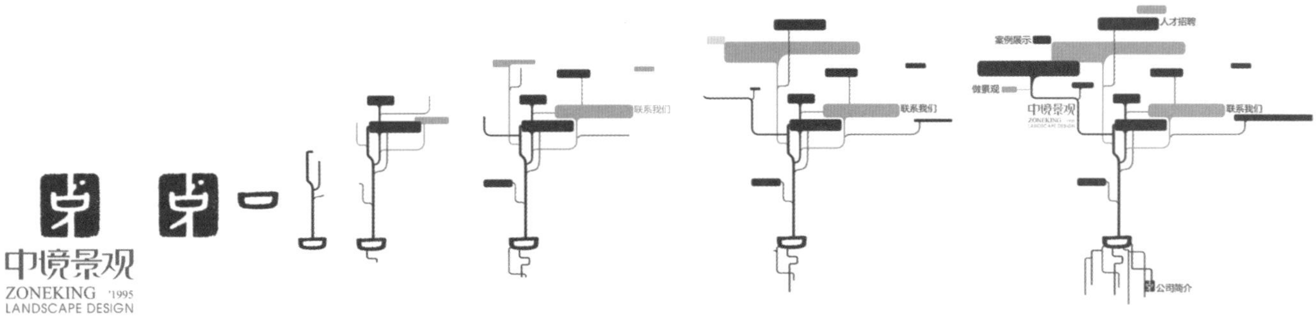

图 2–122　中境景观规划设计有限公司网站进站动画　/ 顺德职业技术学院数字媒体工作室 / 2010

网站内页：

点击不同的部分，生命树生长出不同的页面。（图 2–123）

图 2–123　网站五大部分内容

做景观

景观设计领域的相关思想，作为一个全面的、专业的设计公司，思想和专业的认知都需要不断发展。（图 2–124）

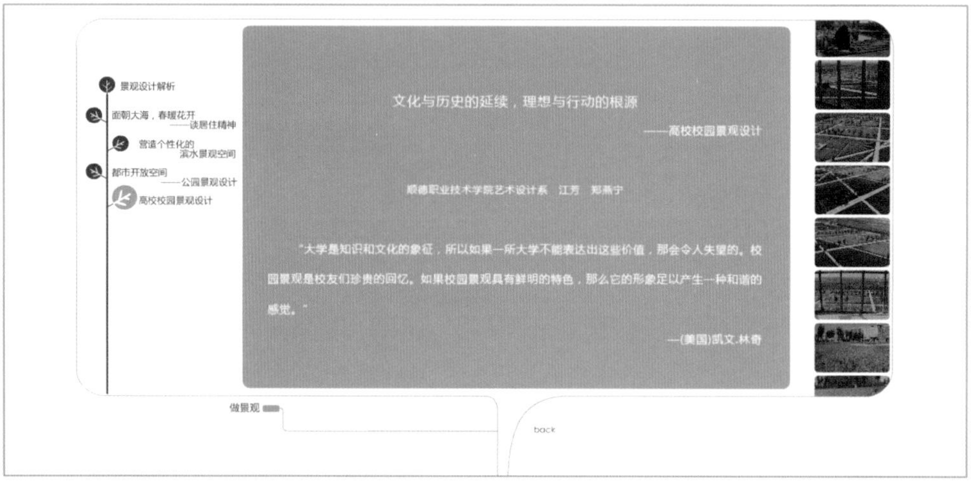

图 2–124　中境景观规划设计有限公司网站内页（做景观）/ 顺德职业技术学院数字媒体工作室 / 2010

联系我们

树干生长演变为三维地图，让客户直观了解公司的地理位置。（图 2–125）

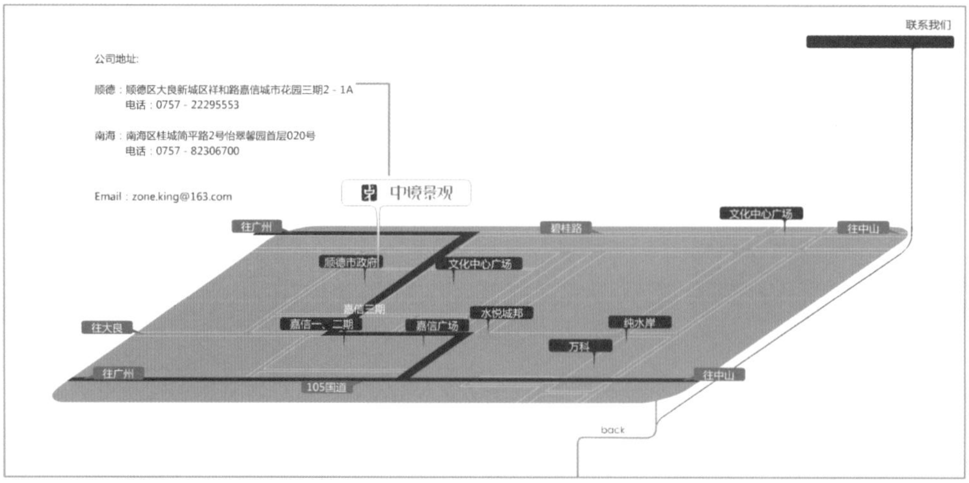

图 2–125　中境景观规划设计有限公司网站内页（联系我们）/ 顺德职业技术学院数字媒体工作室 / 2010

人才招聘

中境的相关招聘信息，人才有如公司的叶脉，是中境不断成长的重要力量。（图 2–126）

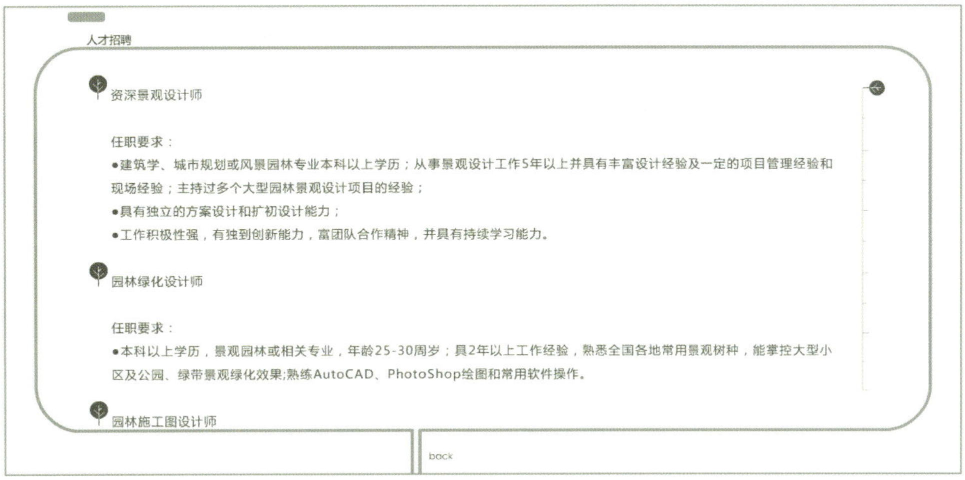
人才招聘
资深景观设计师
任职要求：
●建筑学、城市规划或风景园林专业本科以上学历；从事景观设计工作5年以上并具有丰富设计经验及一定的项目管理经验和现场经验；主持过多个大型园林景观设计项目的经验；
●具有独立的方案设计和扩初设计能力；
●工作积极性强，有独到创新能力，富团队合作精神，并具有持续学习能力。
园林绿化设计师
任职要求：
●本科以上学历，景观园林或相关专业，年龄25-30周岁；具2年以上工作经验，熟悉全国各地常用景观树种，能掌控大型小区及公园、绿带景观绿化效果;熟练AutoCAD、PhotoShop绘图和常用软件操作。
园林施工图设计师
back

图 2–126　中境景观规划设计有限公司网站内页（人才招聘）/ 顺德职业技术学院数字媒体工作室 / 2010

案例展示

展示中境公司的设计案例，通过对案例的解读，让顾客直观地了解中境的核心竞争能力。（图 2–127）

佛山潘口路东平路景观设计
01 02 03 04 05
06 07 08
案例展示
back

图 2–127　中境景观规划设计有限公司网站内页（案例展示）/ 顺德职业技术学院数字媒体工作室 / 2010

公司简介

树根乃树之本，巧妙地用树的根部代表公司简介，全面生动地传达中境公司的相关信息。（图 2–128）

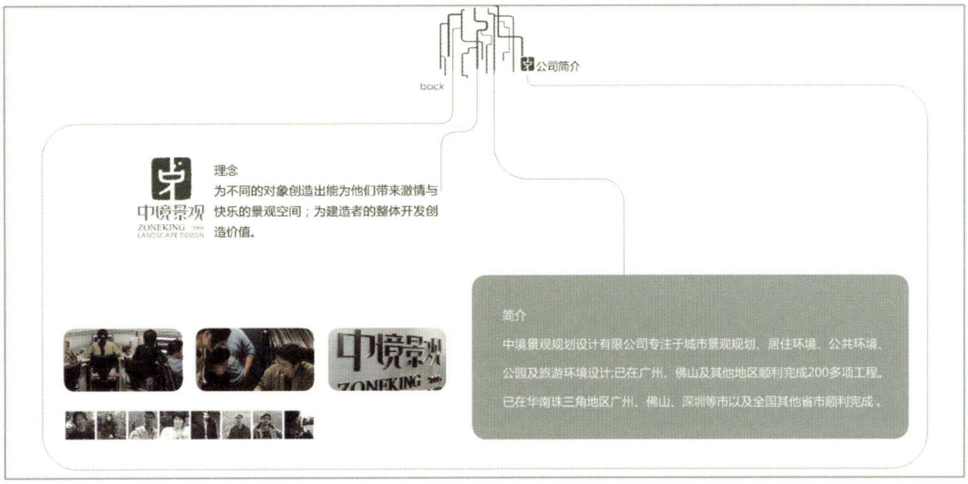
公司简介
back
理念
为不同的对象创造出能为他们带来激情与快乐的景观空间；为建造者的整体开发创造价值。
中境景观
ZONEKING
LANDSCAPE DESIGN
简介
中境景观规划设计有限公司专注于城市景观规划、居住环境、公共环境、公园及旅游环境设计;已在广州、佛山及其他地区顺利完成200多项工程。已在华南珠三角地区广州、佛山、深圳等市以及全国其他省市顺利完成。

图 2–128　中境景观规划设计有限公司网站内页（公司简介）/ 顺德职业技术学院数字媒体工作室 / 2010

② 信息罗列型网站改版
——OOD LIFE 网站设计

信息罗列型网站是一般的大、中型企业网站和门户网站常用的方式，即在首页中就罗列出网站的主要内容分类、重点信息、网站导航、公司信息等，比较适合信息量大、内容丰富的网站。因为是以展示信息为主，页面的设计就要在细微之处体现企业形象，建议设计师要了解企业的文化背景、品牌精神、产品或服务的特点，仔细阅读企业的 CI 手册，把企业整体的品牌形象与视觉识别元素在网站设计中体现出来，将企业形象印在浏览者的脑海里。

在企业形成规模、进行品牌提升阶段，企业建设网站或进行改版的目的是重塑品牌网络形象，打造更为专业、沉稳和可持续发展的品牌理念和文化，这时候的企业客户更多的是考虑如何将企业的品牌内涵与行业相融合。

优越豪庭家具有限公司创建于 1997 年，一直坚持以“设计生活”为公司的使命，追求将设计美学的诠释与用户温暖的生活感受共融。公司网站创建于 2003 年，主要推广“欧的家居”品牌（图 2–129）。2005 年，OODLIFE 品牌诞生，由于 2011 年重点发展 OODLIFE 品牌推广的需求，公司网站进行改版。

图 2–129　欧的家居网站（旧版）/ 优越豪庭家具有限公司 / 2003

整个网站设计项目分了两个阶段，分别是 2011 年版本和 2013 年版本。在项目之初，客户的诉求是：原有网站档次不高，整个设计不足以满足品牌的全新定位；原来的网站功能主要是产品的罗列和消息的发放，随着品牌的定位和业务的更新，除了产品的展示，还要进一步强化品牌的国际化、高价值特点和产品种类的表达。为此，在 2011 年版本中（图 2–130），网站的色调由原来的黑白调改为深黑灰调，点缀金色为焦点色；同时，网站的框架设计更加简明，精减了每一页面的内容信息，以方块布局各种功能区；另外，采用以图片为主的排版样式，使版面立体、真实，强化了视觉效果和导读效果；使页面内容一目了然。

图 2-130　OOD LIFE 网站（改版）/ 顺德职业技术学院数字媒体工作室 / 2011

2013年，随着企业提出“欧的・简生活”的全新品牌理念，对改版中的网站提出了新的设计要求。客户提出，2011年改版后的网站在形式上有了一个很大的提高，品位和档次都能满足新品牌的定位，但在功能上，网站的架构是基于传统网站的结构，始终只是在公司宣传的角度去设计，网站的层级关系多，没有站在用户的角度去考虑，不利于用户迅速直接地浏览公司新的业务与全新的品牌理念的要求。同时也提出需要在网站上增设线上沟通功能、社交网络对接功能，为品牌未来O to O（ on-line to off-line ）的模式做好准备。

所以，新的网站简化了网站的层级关系，更有利于内容迅速、直接地展示，也让客户有更视觉化的浏览感受和更便捷直接的浏览体验。（图2-131至图2-134）

图 2-131　OOD LIFE 网站首页（新版在用）/ 优越豪庭家具有限公司，顺德职业技术学院数字媒体工作室 / 2013

首页

产品系列页面

产品内容页面

图 2–132　OOD LIFE 网站内页 – 产品系列（新版在用）/ 优越豪庭家具有限公司，顺德职业技术学院数字媒体工作室 / 2013

图 2–133　OOD LIFE 网站内页 – 产品内容（新版在用）/ 优越豪庭家具有限公司，顺德职业技术学院数字媒体工作室 / 2013

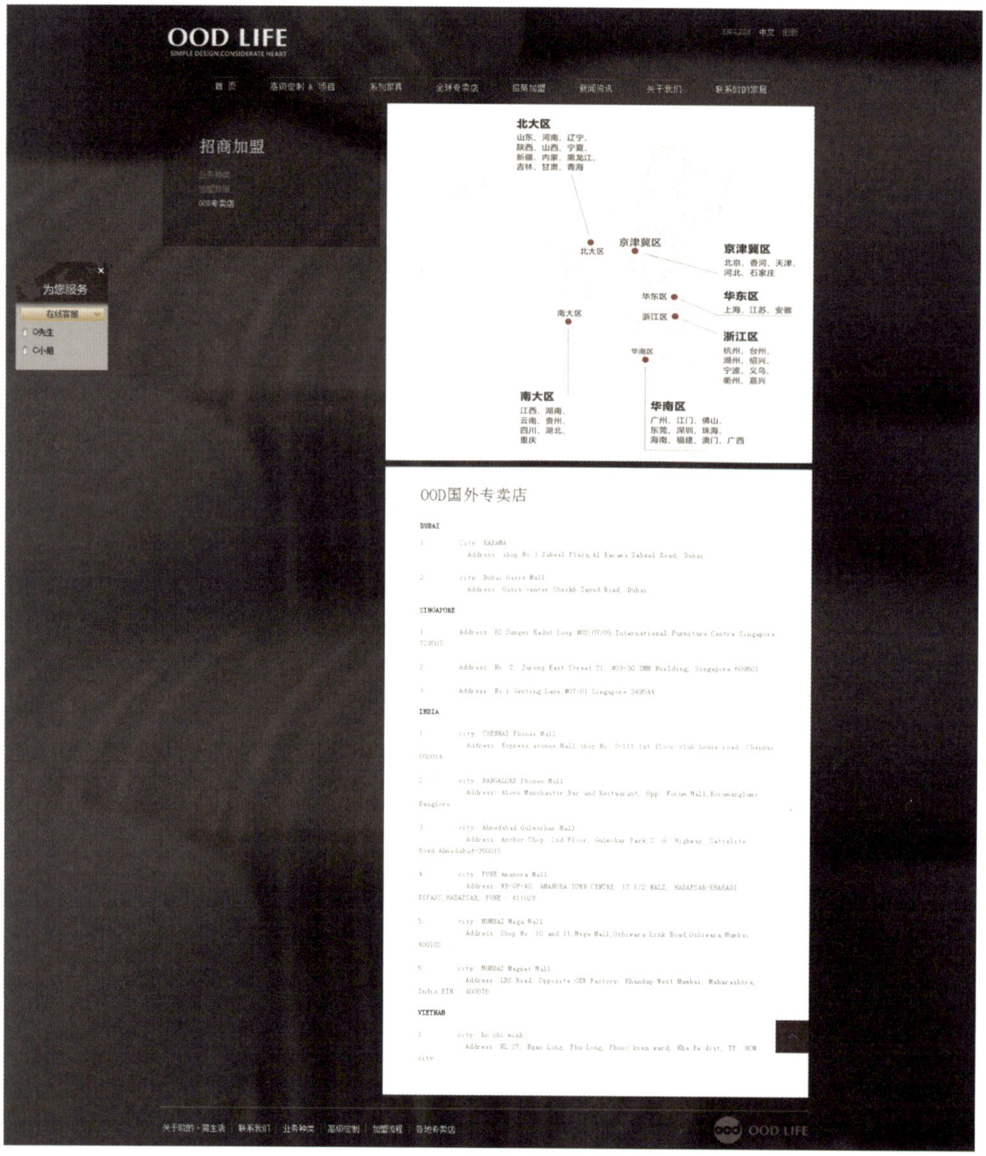

图 2–134　OOD LIFE 网站内页 – 专卖店（新版在用）/ 优越豪庭家具有限公司，顺德职业技术学院数字媒体工作室 / 2013

2）学生作品案例

① 乐土咖啡店推广网站（图 2–135）

图 2–135　乐土咖啡店推广网站 / 吴伟炫 / 指导教师 伍清梅 / 2013

② Mimi Candy 甜品推广网站（图 2–136）

图 2–136　Mimi Candy 甜品推广网站 / 陈文薏 / 指导教师 蔡幸生 / 2013

③ 巴里・巴特家具专卖店网站（图 2–137）

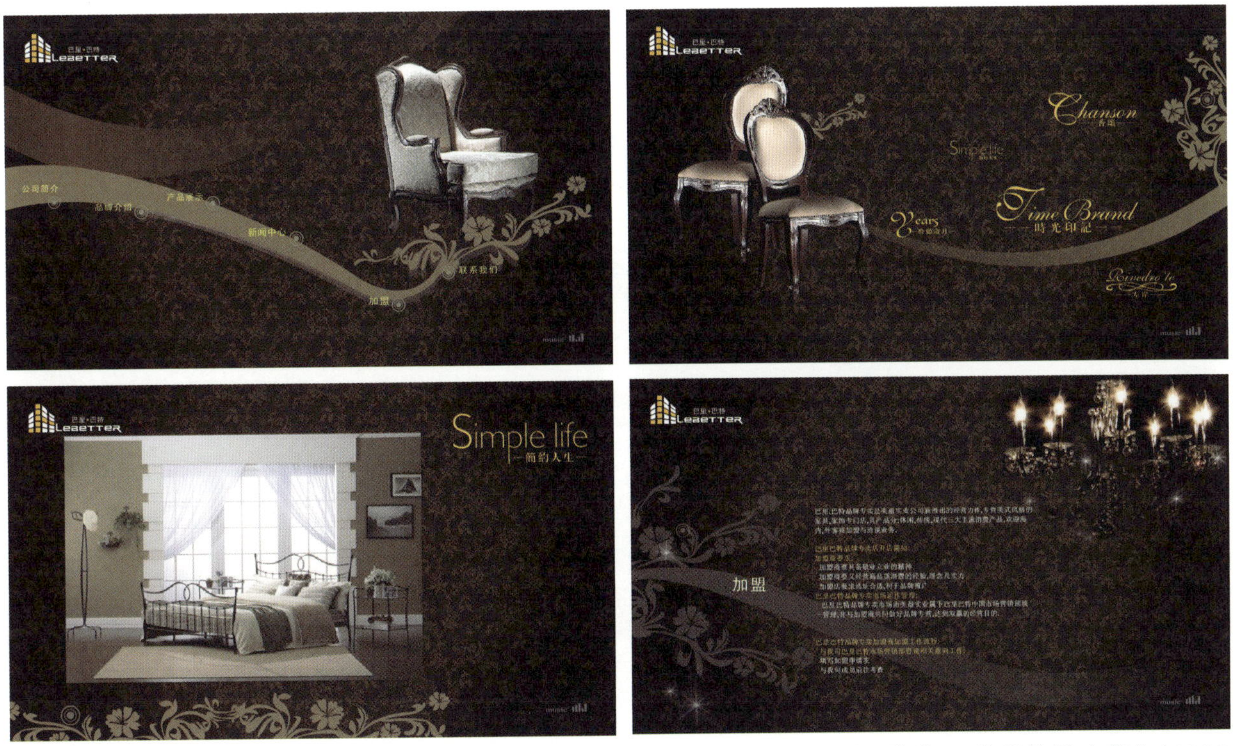

图 2–137　巴里・巴特家具专卖店网站 / 陈秋丽 / 指导教师 李蓟宁 / 2008

④ 玩具反斗城网站（图 2–138）

图 2–138 玩具反斗城网站 / 陈晓云、罗秀娟 / 指导教师 李蓟宁、蔡幸生 / 2008

⑤ 设计师阿球的个人网站（图 2–139）

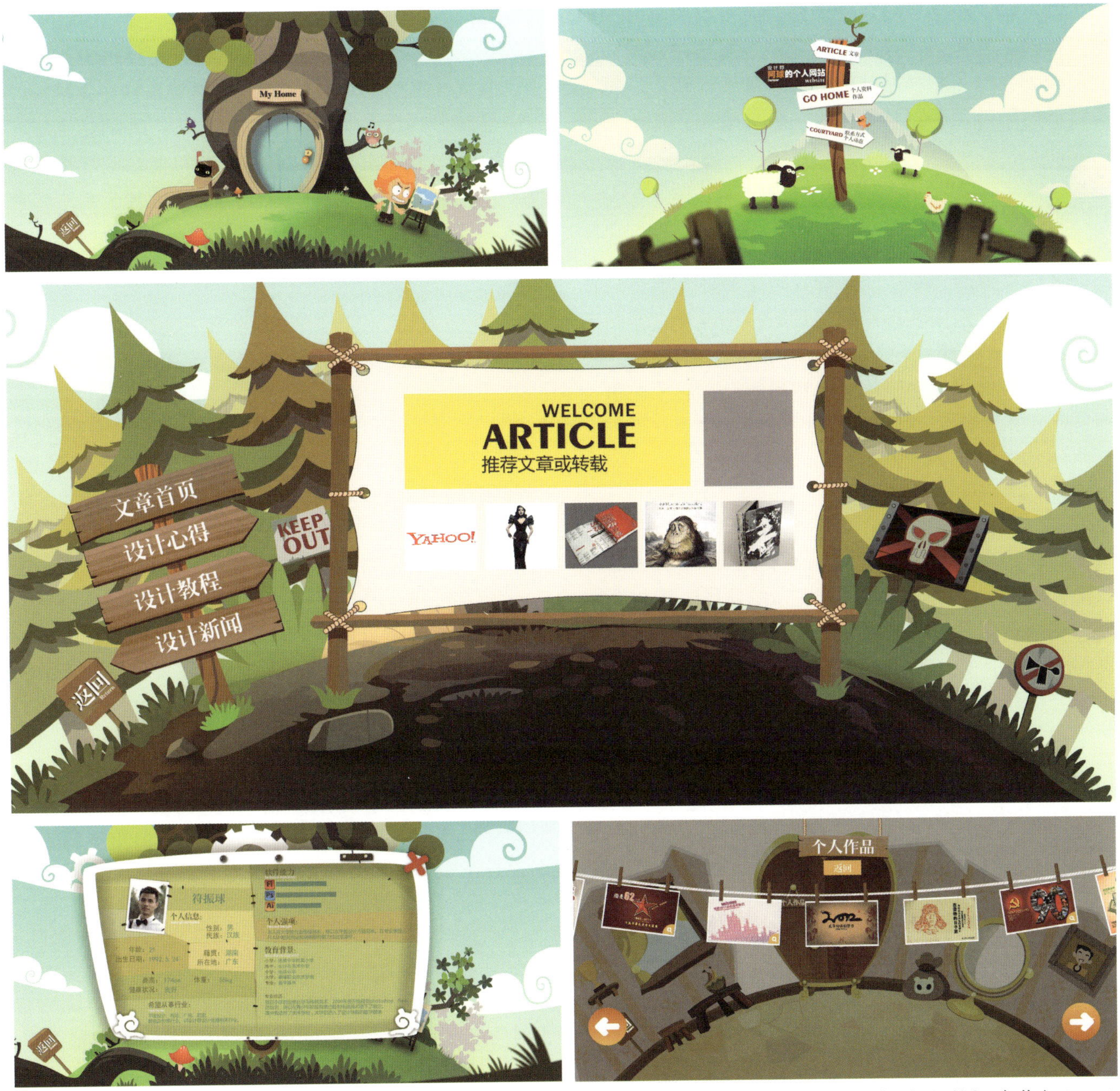

图 2–139　设计师阿球的个人网站 / 符振球 / 指导教师 李蓟宁 / 2013

我出生在乡间小镇，是吃着外公外婆亲手种的菜长大的。那种味道即使是城市里的父母也做不出来，到了大学，三点一线的生活更让我怀念过去。我曾经向往着走出农村走进大学改变命运，可城市这个钢筋水泥的森林却让我更加怀念小镇生活，所以在我的网站里全都是自然风景，四个场景都源自我的向往和我儿时生活的经历，功能性界面和按钮融入场景以达到功能和外观的协调，让用户有极强代入感可以让人体会到我脑海里的世界。

学生设计感言

3. 知识点

一个网站除了页面设计以外还需要为用户创造流畅的浏览体验。本节内容补充了两个关于网站设计的知识点：除了网站名称和网站标志，最重要的知识点就是探讨如何创造流畅的浏览体验，这是最重要却最无形的设计。

1）网站名称

网站名称类似于电视台的名称，网站名称一般出现在网站首页上，起到区别网站的目的。在国外，网站名称与域名有时重合，在我国由于网站名称一般是中文，而域名不能使用汉字，两者虽然可能存在对应关系，但并不能完全重合，而且两者的保护方式也存在差异。对网站名称可以以商标的形式象保护报刊名称或电台、电视台名称一样保护。

以实体品牌或产品为推广对象的网站，网站名称通常就是品牌名称，以网站为经营主体的网站，则需要为网站选择一个符合网站性质、形象，最好能体现服务类型的名称，如人民网、淘宝网、凡客诚品等。除了中文名称外，在国际化的要求下，一般都应考虑至少有中英文双语，如所选域名最好能与网站英文名称一致，如：
人民网——people——www.people.com.cn
淘宝网——taobao——www.taobao.com
凡客诚品——Vancl——www.vancl.com

人民网采用的英文网站名称是“人民”的英文people，淘宝网采用的英文网站名称是“淘宝”的拼音taobao，凡客诚品采用的英文网站名称是“Vancl”，发音的谐音就是“凡客”。

2）网站标志

标志从来不是消费者选择某种产品的原因，但却一直都是辨认某个企业或者某款产品的关键。标志与企业的经营紧密相关，是企业日常经营活动、广告宣传、文化建设、对外交流必不可少的元素，它随着企业的成长，其价值也不断增长，曾有人断言：“即使一把火把可口可乐所有的资产烧光，可口可乐凭着其商标，就能重新起来”。标志对于网站的作用也是如此，网站的标志是互联网上各个网站用来区别与其他网站的图形标志，网站形象的重要体现。

在网站建立初期，好的网站标志设计无疑是日后无形资产积累的重要载体，如果没有能客观反映企业精神、产业特点，造型科学优美的网站标志，等网站发展起来后，才对标志进行变化调整，有可能会破坏用户长期对网站建立起来的熟知感与认同感，甚至会对企业造成不必要的浪费和损失。

① 网站标志的作用

网站标志主要不是为了美观，而是为了实用。

a. 用户凭借网站的标志来识别目前所在的是哪个网站。一个好的网站标志往往能反映网站及企业的某些信息，特别是对一个商业网站来话，我们可以从中基本了解到这个网站的类型，或者内容。

b. 网站标志是与其他网站区别的标识。在一个布满各种LOGO的链接页面中，这一点会突出地表现出来。只有特点鲜明、容易辨认和记忆、含义深刻、造型优美的标志，才能在同业中突显出来。

c. 并不是每个网站有标志。比如某些独立设计师的网站就没有标志，如美国设计师David Vogin的个人网站。以实体品牌或产品为推广的网站，主要沿用品牌本身的标志作为网站标志，以统一视觉符号、强化品牌自身的价值。

② 网站标志的国际标准规范

为了便于互联网上信息的传播，网站标志目前有三种统一的国际标准规格：

a. 88×31，这是互联网上最普遍的LOGO规格。
b. 120×60，这种规格用于一般大小的LOGO。
c. 120×90，这种规格用于大型LOGO。

③ 一个好的网站标志应具备的条件

标志是设计中的“小品”，但也是设计中最难的。它有以小见大、以少胜多、以一当十的特点。标志设计通过文字、图形巧妙组合创造一形多义的形态，比其他设计表达更集中、更强烈、更具有代表性。

a. 网站设计应在详尽明了设计对象的使用目的、适用范畴及有关法规等情况和深刻领会其功能性要求的前提下进行。

b. 设计须充分考虑其实现的可行性，要顾及放大、缩小时的视觉效果以及其他视觉传播方式(如印刷、广告、映像等)的应用。

c. 设计要符合作用对象的直观接受能力、审美意识、社会心理和禁忌。

d. 构思须慎重，力求深刻、巧妙、新颖、独特，表意准确，能经受住时间的考验。

e. 构图要凝练、美观、适形(适应其应用物的形态)。

f. 图形、符号既要简练、概括，又要讲究艺术性。

g. 色彩要单纯、强烈、醒目。

④ 网站标志的表现形式

作为具有传媒特性的网站标志，为了在最有效的空间内实现所有的视觉识别功能，一般是通过特示图案及特示文字的组合，达到对被标识体的出示、说明、沟通、交流，从而引导受众的兴趣，达到增强美誉、记忆等目的。表现形式的组合方式一般分为图案、文字、图文。

图案

属于表象符号，独特、醒目、图案本身易被区分、记忆，通过隐寓、联想、概括、抽象等绘画表现方法表现被标识体，对其理念的表达概括而形象，但与被标识体关联性不够直接，受众容易记忆图案本身，但对被标识体的关系的认知是一个相对曲折的过程，但一旦建立联系，印象较深刻，对被标识体记忆相对持久。所以对持久记忆要求高时，应设计良好的特示图案形象。

图案标志在以实体品牌或产品为推广对象的网站上使用居多，因为它们直接沿用品牌标志，品牌本身的标志就是图案标志，如：电子科技产品品牌“苹果”，体育用品品牌“耐克”等。(图2–140至图2–143)

图2–140　体育用品品牌耐克标志 / 美国

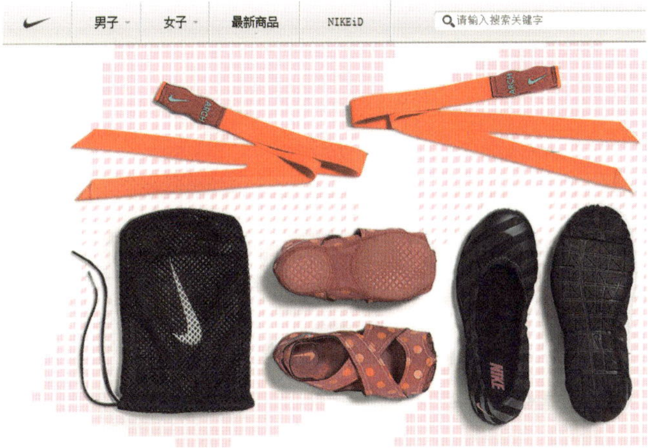

图2–141　耐克中国官方网站首页(局部) / www.nikestore.com.cn / 美国

图2–142　苹果公司标志 / 美国

图2–143　苹果公司中国官方网站首页(局部) / www.apple.com.cn / 美国

文字

文字属于表意符号。在沟通与传播活动中，反复使用的被标识体的名称或是其产品名，常用一种文字形态加以统一，涵义明确、直接，与被标识体的联系密切，易于被理解，认知，对所表达的理念也具有说明的作用。但因为文字本身的相似性易模糊受众对标识本身的记忆，从而对被标识体的长久记忆发生弱化。所以以文字为主体的标志要有区别性的字体设计。（图 2–144、图 2–145）

完整的网站标志设计，要考虑中英文字的比例、搭配，有的还要考虑繁体、其他特定语言版本等。另外还要兼顾标志展开后的应用是否美观。

图 2–144　优酷视频分享网站标志

图 2–145　网易门户网站标志

图文

图文形式是一种表象表意的综合，指文字与图案结合的设计，兼具文字与图案的属性。图形元素能丰富标志形态，由于网站标志在网页版面里的常用尺寸有所局限，所以不宜采用线条过分复杂的图案造型与文字相配，以免影响使用效果。（图 2–146、图 2–147）

图 2–146　拍拍购物网站标志

图 2–147　猫扑网络社区网站标志

3）如何创造流畅的浏览体验

① 首页的功能

对于首次访问网站的用户，首页要告诉用户当前访问的是什么网站，网站里面有些什么，所提供的服务的概况，首页上的每一个部分都应该能帮助用户了解以上内容。

首页要有导读的功能，这有点像杂志的封面，把推荐内容有序地罗列出来，如热销商品、最新资讯等。主页应该有一些经常更新的内容，吸引用户经常回来访问。

新竞争力网络营销管理顾问产品总监李宋伟对各类网站首页的功能作了全面的总结：由于网站功能定位的差异化，决定了不同类型网站首页肩负“职责”和“表现形式”的差异性，即首页功能、表达形式、传递信息内容、设计风格、页面布局…必须有所区别，下面用实例说明不同类型网站首页功能的定位。

a. web2.0 网站

web2.0 网站的主要特点是鼓励用户创造和分享，这就要求发挥用户的主动性，加强用户间的互动，所以 web2.0 网站的首页既要突出主题同时也要给人“神秘感”，挑起用户的好奇心，积极参与和探索，就像麦田所说的这扇门最好“半掩着”，可以看到目前多数 web2.0 网站首页确实秉承了这样的理念，如：facebook、mayi 等首页都比较简洁，一屏就能显示完成，一般也都要求注册登录后才能使用相关服务。

b. 电子商务网站

电子商务网站（b2b/b2c/c2c）的定位基于产品销售，电子商务网站的用户最关心的是产品的相关情况（功能情况、质量情况、购买 / 销售情况），有效的产品信息组织、合理呈现的产品分类目录是电子商务脊梁骨，基于电子商务网站的定位，电子商务网站首页功能重点是目录导航功能，即网站首页要尽量向用户展示所销售产品及服务的分类目录；同时还要向用户传递信息，刺激用户产生购买行为，如：促销打折信息、新品上市、热销商品、最新成交等。

c. 企业网站

作为企业进行网络营销的“根据地”，企业网站的作用不仅在于产品的展示和推广，更重要的是要使客户建立起对企业和产品的信心，企业网站首页要尽可能地体现专业性和可信度，首页功能就是要让用户对企业和产品建立信任，首页要有企业介绍信息、资质证明、产品详尽信息的入口，在细节方面，还要注意企业联系地址是否完整、是否有固定电话、网站是否经过备案……一句话：企业网站首页必须肩负起建立用户信任的职责。

d. 政府类网站

政府网站作为电子政务的便民窗口，首页功能重点在于办事流程的指引，在首页上要清晰地向用户传递各个部门职能和办事流程，让用户一进入网站首页就能对各部门职能有大体的了解，在首页相关办事流程有详细的说明和链接入口，首页的功能在于用户分流指引。

e. “实用性”网站

如招聘网站、交友网站等，这些网站主要应用于某一领域，具有一定的实用性价值，这类网站的首页功能重点在于体现网站能够给用户带来的价值，同时还要体现其专业性；如招聘网站，用户群体主要是求职者，首页功能重点在于向用户传达它能为求职者求职提供帮助，首页要合理、适当地展示一些真实有效，并且具有“诱惑力”的招聘信息和职位等，另外如交友、婚介网站除了要展示会员靓照外，为了体现专业性和正规性，还要向用户传达其理念，如“严肃交友”“大专学历以上高素质白领交友平台”等。

② 按钮

大部分的网站通过一个个点击实现浏览，既然有点击就有可以被点击的区域，我们称这些区域为按钮。

a. 明确的按钮

按钮是一个网站中的功能部件，所以最重要的特征是“能被点击”。

在设计按钮的时候，主要注意 2 个方面：按钮的名称表达与按钮的造型，从下面的案例可以轻易看出同一个内容的按钮，由于名称表达与造型的不同，会让用户产生不同的判断。

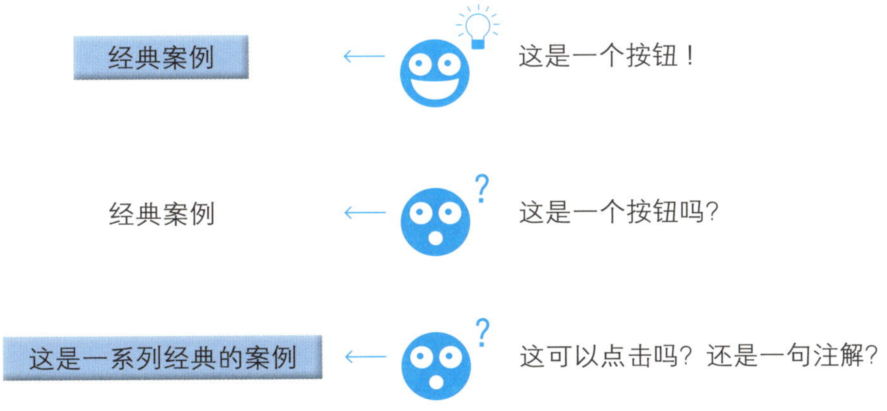
经典案例
这是一个按钮！
经典案例
这是一个按钮吗?
这是一系列经典的案例
这可以点击吗？还是一句注解?

b. 美观又实用的按钮

适当地对按钮在外形上根据其意进行设计，更有利于信息的传达：

在这个追求信息图形化的时代，按钮的设计也愈发趋向图形图案化。用户在阅读文字时需要大脑的解码、记忆、呼应、总结，而图像则带给用户直接的视觉体验，直观的信息传达（如果图像的表现力到位的话）。一个图形化的按钮必须对原图形抽丝剥茧，把不必要的细节去除掉，同时又不能过于抽像。如右：

按钮的图像表达必须避免设计过度的问题，否则适得其反。如右：

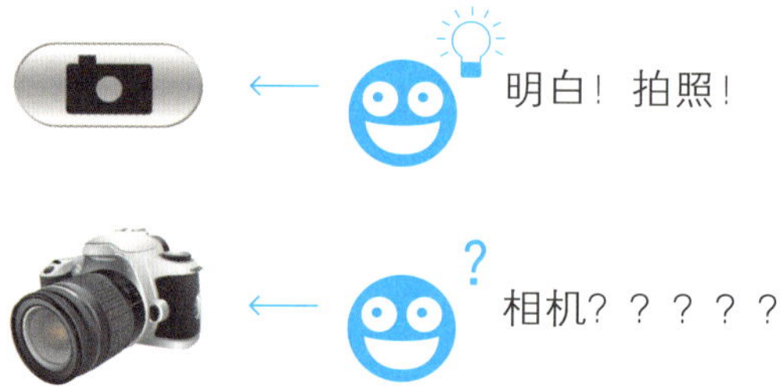

完全摈弃文字的图案化未必是好的设计。如右：

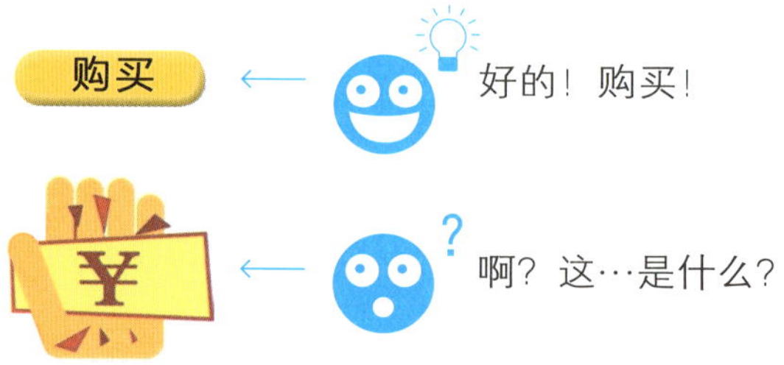

③ 导航与站点层次

你的位置

商场地图或者城市地图总会有一个“你的位置”的坐标点来告诉人们当前位置，不至于迷失方向，网站也需要这样的功能，甚至比“你的位置”更详尽，不仅有坐标，还有层级浏览的路线标记，有很多教科书形象地称这条浏览路线标记为“面包屑”。这个概念来自《格林童话》中的一则寓言故事《汉赛尔与格莱特》。当汉赛尔和格莱特穿过森林时，为了防止迷路，在沿途走过的地方都撒下了面包屑，让这些面包屑来帮助他们找到回家的路。网站导航用浏览路线标记来撒下面包屑，告诉访问者他们目前在网站中的位置以及如何返回。

以苹果公司的官方网站为例（图2-148），主导航栏上的苹果标志，告诉用户正在浏览的是苹果公司的网站，同时它也是返回首页的按钮。

图 2–148　苹果公司香港官方网站内页 / www.apple.com/hk / 美国

主导航栏告诉用户这个网站共有多少个部分，菜单上的当前一级标题是 iPhone，以色彩较深和不可点击来区别于其他按钮。

IPhone 的内容导航（二级导航），告诉用户 IPhone 共有多少个部分，当前二级标题是 iCloud，以色彩较浅和不可点击来区别于其他按钮。

这个页面内容的标题是 iCloud，表示当前页面的内容是按照这个标题全面铺开的。

将每一级导航的起始点用箭头链接起来，首页→主导航里的 IPhone → IPhone 为主题的二级导航里的 iCloud。

从以上内容中可以归纳出页面导航原则：

a. 告知用户当前位置；
b. 告知用户来到当前页面的固定路径；
c. 可以让用户返回上一级页面。
d. 可以随时回到首页。

回到首页导航栏中非常重要的一个元素，也许用户不知道该怎样去网站的其他地方，这时候点击“回到首页”就能够回到最开始的地方。不管用户是否迷路，都能随时重新开始。

导航栏的设计

几乎每个网页都有导航栏。对同一个网站内的所有网页来说，导航栏必须在设计风格上力求统一。否则，用户就需要分别适应每个页面的导航界面风格，也影响了网站的使用美感与整体性。

但统一并不是要求我们为每个网页设计出一模一样的导航栏。设计师可以在统一的整体风格下，在每一个或每一组网页的导航栏中寻求细节上的变化。比如，在确保所有导航栏形状、布局、字体一致性的基础上，变换不同导航栏的背景颜色；或者，变换不同页面中导航栏的背景图片（统一风格），同时保持其他设计元素不变。

另外，导航栏的位置也要相对统一，否则，用户到每个页面都要寻找导航的位置，容易造成困扰。

4. 实践程序

经过与行业专家深入、细致、系统地分析，根据制作流程安排了以下 8 个工作任务：

任务 1　确定项目

确定项目对学生来说是较难的第一步，在题目的选择上有以下参考。

① 企业网站改版

选择页面设计不太理想的企业网站，对其改版。选择这类主题，因无法与客户做深入的沟通，只能凭搜集企业的相关信息与浏览分析企业网站对其进行了解，获得的网站内容资料有一定的局限性，网站结构按照现有结构或做有限度的调整，再进行页面与整个网站设计。

② 为小企业设计网站

尝试联系还未有网站的企业或店铺，免费为其设计网站。建议选择中小型品牌、企业或店铺。要选择容易获取网站内容资料的企业，比如选择一家蛋糕店，网站内容如：产品、制作方法、材料、环境等都可以自行拍摄；又如选择自创产品或服装的品牌，网站内容如：产品（可以自行拍摄）、产品设计草图和思路；再如选择培训或补习机构，网站内容如：教学团队、培训内容、培训场所、学生成果等已有的资料…… 这类选题具有较大的主动性，但也有较高的挑战性，需要有推广自己与说服客户的能力。

③ 为学校系部或社团设计网站

为所在专业、系或学校社团制作推广网站，还可以为大型学生活动制作推广网站，如：学校艺术节等。校园内的选题学生比较熟悉，也比较容易获得网站内容资料。

④ 文化推广网站

某个地域文化推广网站设计，如：广州西关、北京、岭南文化、吴越文化等。

某种传统文化推广网站设计，如：京剧、节气、茶道、剪纸、鼻烟壶等。

生活文化推广网站设计，如：美妆、养生、家居 DIY 等。

⑤ 个人网站

项目选定后，要与导师沟通项目是否可行与项目如何开展。

任务 2　与客户沟通，确定网站的定位

① 与客户沟通网站的内容和功能

a. 为什么要建立网站，是为了树立企业形象，宣传产品，开展电子商务，还是建立行业性网站？是企业的基本需要还是市场开拓的延伸？

b. 整合客户提供的资源与需要，确定网站功能类型：企业型网站、应用型网站、商业型网站（行业型网站）、电子商务型网站；企业网站又分为企业形象型、产品宣传型、网上营销型、客户服务型、电子商务型等。

根据网站功能，确定网站应达到的目的、作用。

c. 仔细阅读客户的 CIS 手册（企业形象识别系统），了解企业定位或企业经营理念，熟悉企业的视觉识别系统，并进行分析，找准客户的品牌基因，以便设计出更符合客户品牌形象的网页设计。较小型企业、店铺或学校系统、社团等不一定有 CIS 手册，也需要通过与其多方面的沟通与交流，找到一种最适合该企业或团队的网站形象风格。

② 调查与研究同类网站页面设计

分析同类网站整体架构、二级栏目、内容页的设计以及网站风格。

客户或许会提出具体的参考站点，要全面研究和发掘客户提出的参考站点，须透彻理解客户欣赏的原因，才能把握客户的需求。

③ 搜集可供客户参考的案例

在对同类网站调研的过程中，或者会发现一些值得参考的网站，不妨提供给客户作为沟通的依据。或搜集与自己设计思路相似的网站，供客户参考。这并不是去找“可以抄“的网站，而是与客户沟通的时候可以

有更具体的案例，更明确地与客户沟通设计思路。

制定网站定位期间，师生召开网站定位讨论会议，汇报与客户的沟通情况、客户需求、分析网站定位。

任务 3　网站技术解决方案

根据网站的功能确定网站技术解决方案。

① 采用自建服务器，还是租用虚拟主机，与客户沟通，预计服务器投入成本。

② 选择操作系统，用 Window2000/NT 还是 unix、Linux。分析投入成本、功能、稳定性和安全性等。

③ 网站安全性措施，防黑、防病毒方案（如果采用虚拟主机，该项由虚拟主机服务公司提供）。

④ 选择什么样的动态程序及相应数据库。如程序 ASP、JSP、PHP；数据库 SQL、ACCESS、ORACLE 等。

任务 4　网站内容规划

① 向客户收取网站内容相关的书面资料。

② 细致的整理书面资料，对文档进行归类。以确定哪些是要在首页或者一级页面上就要向浏览者表明的，哪些可以放在栏目子页中的。对文字进行润色，使文字尽量通俗，减少不必要的专业术语的使用，尽量简洁，这样既可以加快网页的显示速度，又可以避免因为过多的文字使浏览者产生反感。

③ 根据分类就可以统计网站有多少个栏目，一般企业型网站包括：公司简介、企业动态、产品介绍、客户服务、联系方式、在线留言等基本内容。更多内容如：常见问题、营销网络、招贤纳士、在线论坛、英文版等。

如设计文化推广类的网站，建议在内容规划时采用类似头脑风暴的方法，把搜集到的资料分类罗列，再选择出适合的内容。（图 2–149，图 2–150）

④ 统计每个栏目有多少个页面，每个页面的具体内容及名称。如公司简介中可以包括：总裁致辞、发展历程、企业文化、核心优势、生产基地、科技研发、合作伙伴、主要客户、客户评价等；客户服务可以包括：服务热线、服务宗旨、服务项目等。

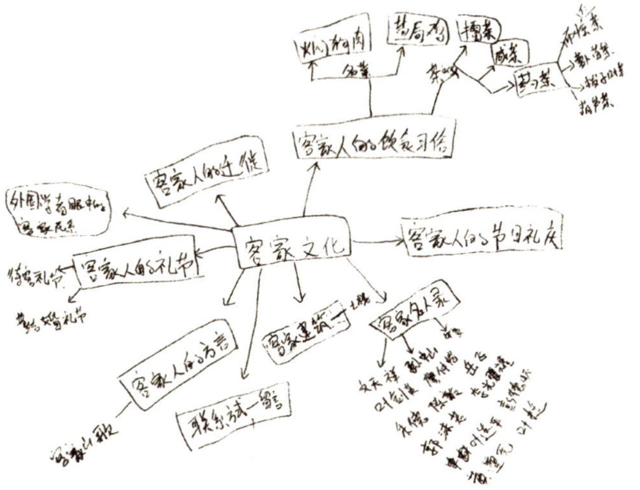

图 2–149　客家文化推广网站头脑风暴图 / 张江海 / 2008

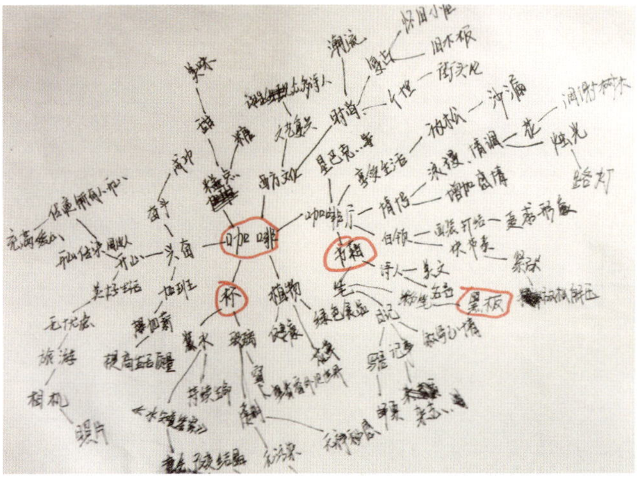

图 2–150　乐土咖啡推广网站头脑风暴图 / 吴伟炫 / 2013

⑤ 栏目统计完毕后制作网站架构图。

网站架构图能直观地反映网站导航链接与结构，便于与客户沟通，确定网站的最终架构。（图 2–151）

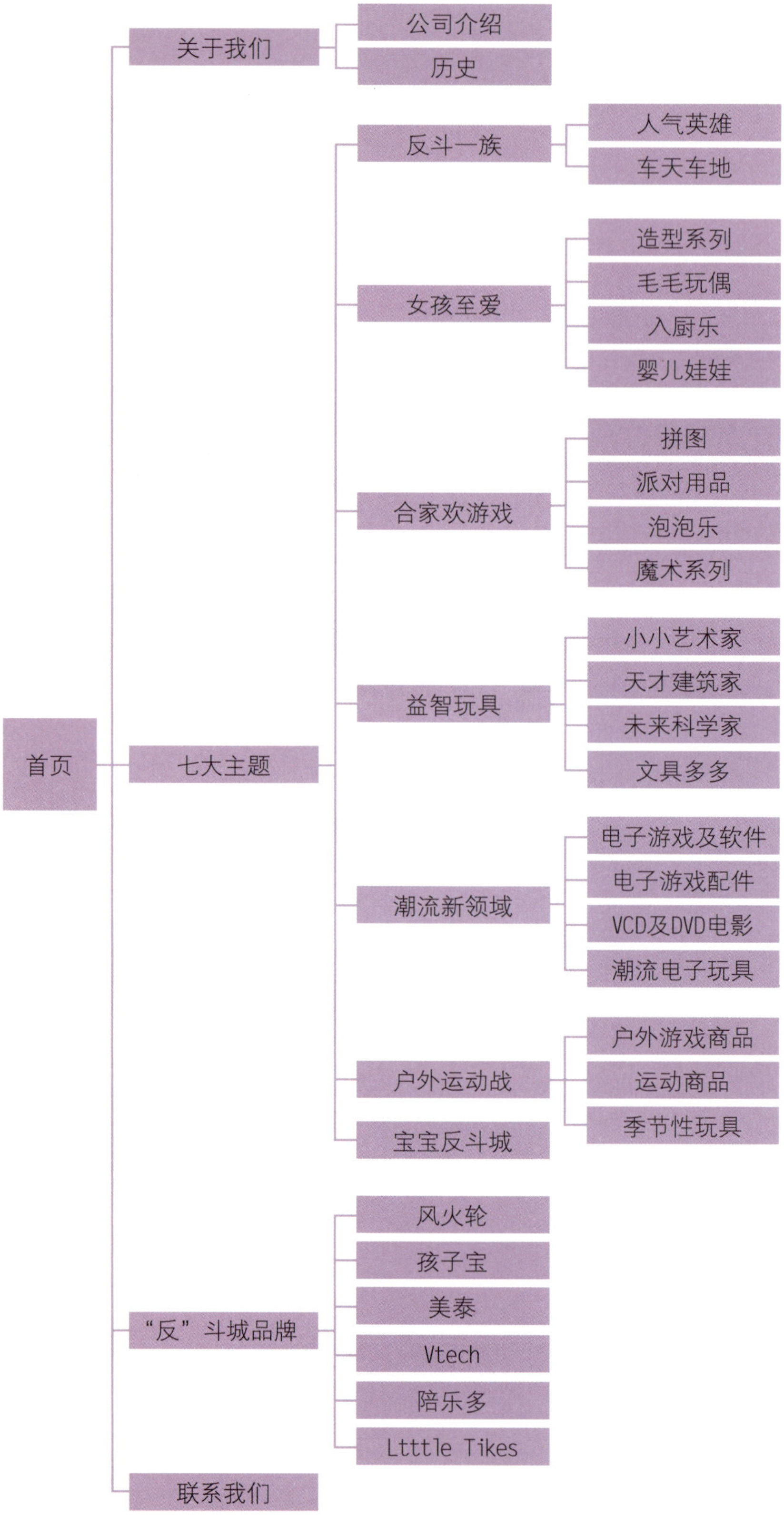

图 2–151　玩具反斗城网站架构图 / 陈晓云、罗秀娟 / 指导教师 李蔺宁、蔡幸生 / 2009

⑥ 确定网站内容的实现方式。如产品中心使用动态程序数据库还是静态页面；营销网络是采用列表方式还是地图展示。

⑦ 学生网站地图交流。网站架构图完成后，回到课堂分享与交流这阶段的进展情况，以及与客户沟通的情形。

任务 5　规划页面布局

网页布局设计要与企业整体形象一致，要符合企业 VI 规范。要注意网页色彩、图片的应用及版面策划，保持网页的整体一致性。

这个阶段先完成首页手绘草图设计，与导师沟通后，再完成所有子页面的手绘草图设计。设计网页的阶段，不一定要完全依赖电子设备。手绘草图可以提高设计的效率，激发更多的灵感。常常有人埋怨设计师们浪费太多时间与成本在使用 PS 制作精致的方案草图。而手绘则具备更大的灵活性，它可以在缩减成本的同时发展更具原创性的方案草图。（图 2–152、图 2–153）

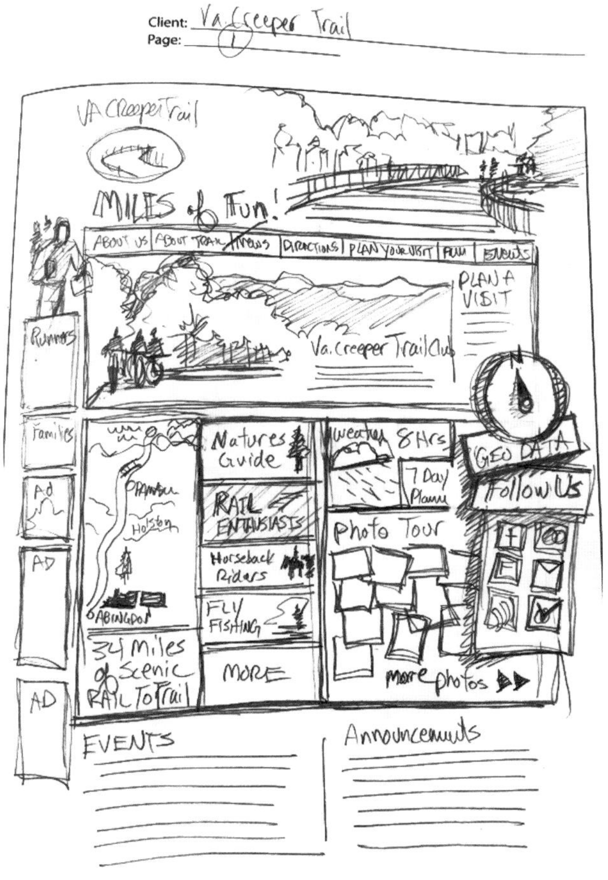

图 2–152　网站草图 / Steven White / 美国 / 2013

图 2–153　网站草图 / Steven White / 美国 / 2013

任务 6　设计与表现

当页面草图设计完成后，就可以根据草图进行网站各个页面的制作，如图 2–154。再完成各个页面间的连接，如图 2–155。整个网站就基本上完成了 90%。

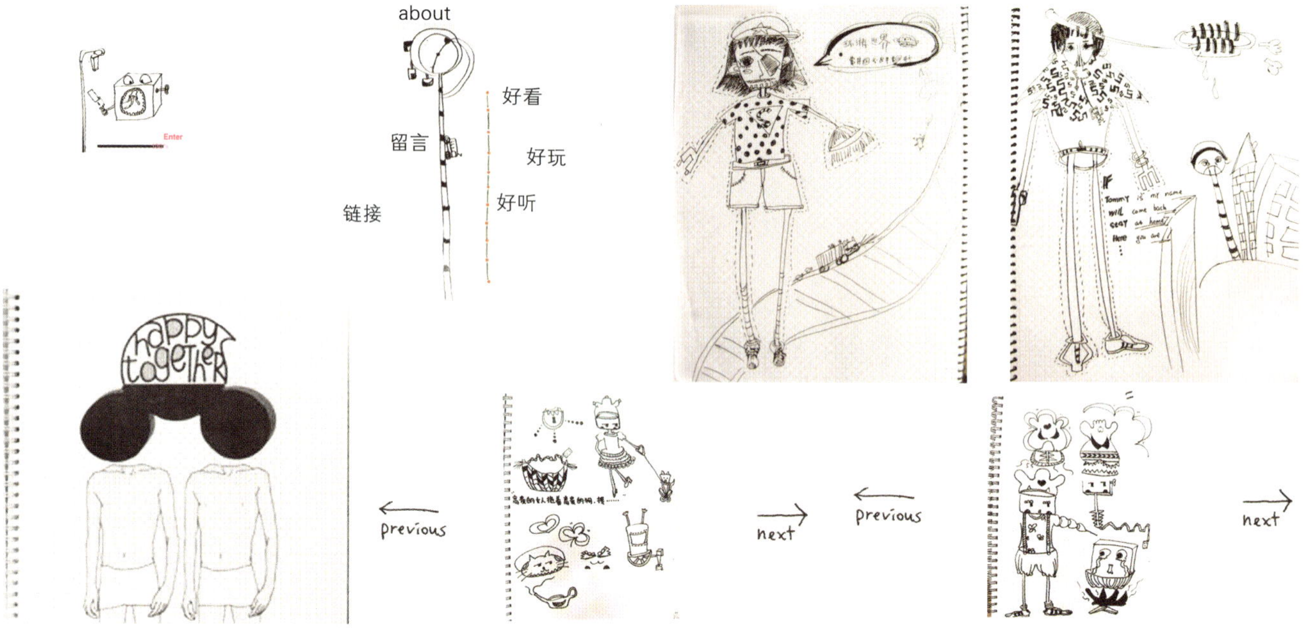

图 2–154　《好听的、好玩的》趣味网站页面草图 / 钟彦婷 / 指导教师 李蓟宁 / 2008

任务 7　上传与测试网站

① 检查文字、图片是否有错误。
② 程序及数据库测试。（企业项目）
③ 链接是否有错误。
④ 上传网站。（企业项目）
⑤ 测试服务器稳定性、安全性。（企业项目）
⑥ 网页兼容性测试，如浏览器、显示器。
⑦ 与导师沟通网站最终效果，记录修改意见，完成网站修改。
⑧ 与客户沟通网站最终效果，记录修改意见，完成网站修改。（企业项目）

任务 8　作品发布与展示

① 项目演示及答辩
完整地演示与介绍网站，过程流畅，语言表达流利 。
② 客户上网浏览、验收（企业项目）
a. 所有网站文件上传到我方测试用服务器上，客户在规定的时间内上网浏览验收；
b. 验收项目包括链接的准确性和有效性、页面是否真实还原设计稿、浏览器的兼容性、文字内容的正确性（以客户提供的电子文档为依据）、功能模块的有效性等；
c. 验收合格，由客户签发“网站建设验收确认书”。
客户按照合同规定支付尾款，我方在收到尾款后将所有网站文件及一份书面的《网站维护说明书》一同递交给客户，或应客户委托将网站直接上传到指定服务器上。至此，网站建设过程结束。
③ 搜索引擎登记等（企业项目）

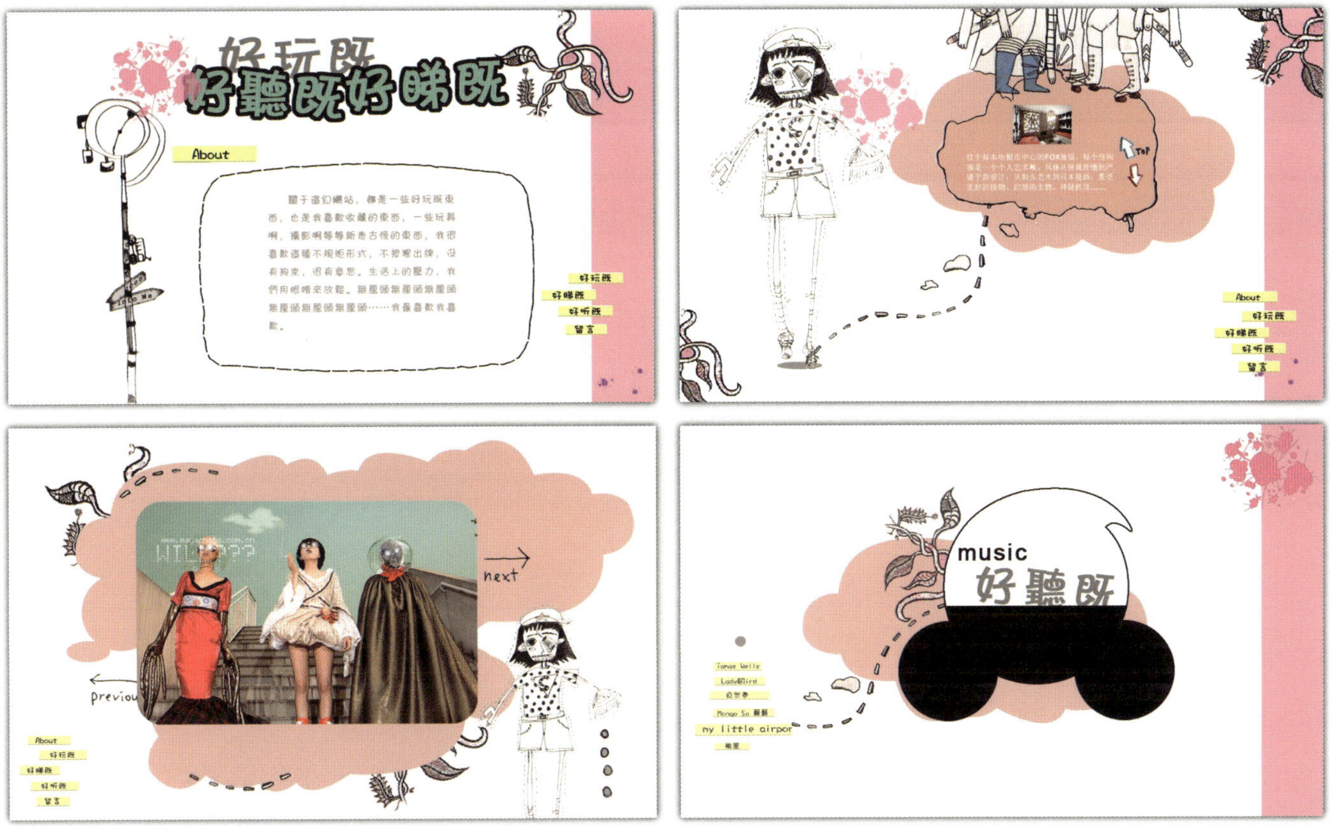

图 2–155 《好听的、好玩的》趣味网站页面电脑制作稿 / 钟彦婷 / 指导教师 李蓟宁 / 2008

④ 网站后期维护工作（企业项目）

向客户提交《网站维护说明书》，根据相关条款对网站进行维护与更新。

⑤ 网站发布、推广等公关活动

a. 网站推广及整体网络营销咨询、诊断、策划服务；

b. 搜索引擎优化、排名服务；

c. 搜索引擎竞价排名服务，包括 Google、百度、雅虎等；

d. 网络广告发布服务；

e. 无线商务应用推广，企业短信平台；

f. 电子邮件、博客、论坛、即时通讯工具营销服务等。

03 第三章 欣赏与分析

第一节 商业推广网站
第二节 设计、艺术、文化类网站
第三节 其他网站

本章精选了 16 个不同风格、不同国家的优秀网页作品，分为商业推广网站，设计、艺术、文化类网站和其他网站三种类别，分别进行欣赏和点评。

第一节 商业推广网站

在网络上进行商业推广是企业宣传的一个重要手段，现在的企业商业推广网站，形式与功能还有宣传手法上都有很多创新与突破。本节介绍与点评了科技、汽车、家具、食品、玩具行业中近两年有特色及代表性的商业推广网站。

1. 全视频网站《GE，想到，做到》（all.vic.sina.com.cn/ge）

《GE，想到，做到》是 Digital Arts Network 上海 (TBWA)2013 年初为 GE 中国操刀的整合营销传播活动中的推广网站，“GE，想到，做到”，旨在展示 GE 真正的创新以及 GE 公司为创造一个更加美好的中国所付出的努力。

网站以“古典・今用”为主题，通过《造纸术篇》《丝绸之路篇》《瓷器篇》和《集废制蜡篇》四个动画片展开推广。四个动画片分别讲述了中国的一项古典发明为GE的科技创新激发灵感。这些科技创新帮助构建、驱动、医治、载运一个可持续发展的中国，为人们创造更富足安定的生活。

图 3-1 《GE，想到，做到》网站进站动画 / GE 中国 / all.vic.sina.com.cn/ge

网站从一只飞翔的纸飞机开始，飞机飞过高山、城市，镜头引领着观众进入 GE 实验室（网站首页）。（图 3-1、图 3-2）

图 3-2 《GE，想到，做到》网站首页 / GE 中国 / all.vic.sina.com.cn/ge

造纸术篇

创意首先通过四大发明之一的造纸术，揭示出创新所带来的革命性变化。由此，引出 GE 品牌“古为今用、一脉相承”的企业文化。而这一文化，也深深地扎根于 GE 的产品——超声诊疗仪器中。结合富媒体技术，采用通栏画中画联动的形式以及水墨这一古朴的表现形式，旨在传递 GE 超声诊疗仪对于科技的创新与突破，也传递出对文化的传承以及人性化的关怀。（图 3-3）

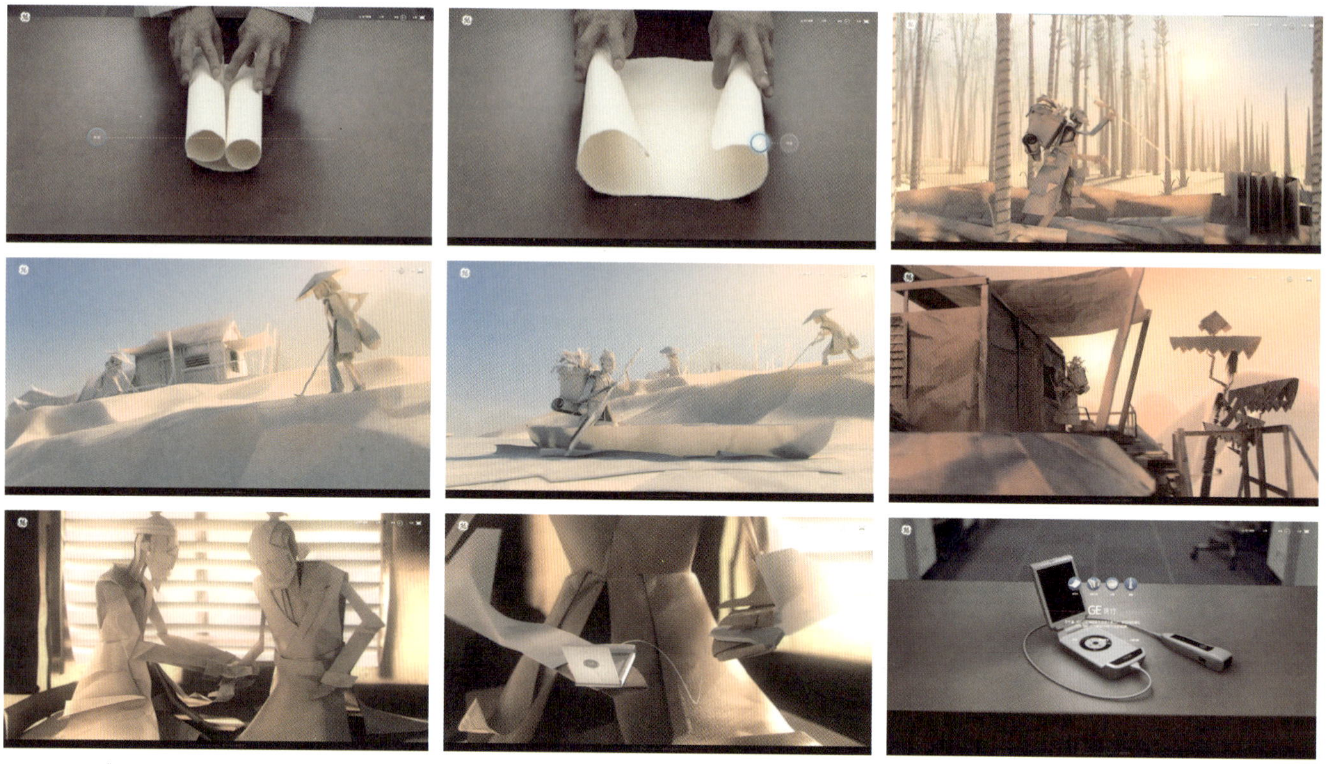

图 3-3 《GE，想到，做到》网站内页《造纸术篇》动画单帧 / GE 中国 / all.vic.sina.com.cn/ge

丝绸之路篇

千年前，丝绸之路开启了中西文化交流，如今，拓展全新视野，古时智慧与当代科技相映成趣，GE 理解人们对绿色环境的需求，创新发明 GEnx 飞机发动机，让人们享受低耗安静的飞行体验，让中国航空事业跃升至世界新高度。GE，想到，做到。（图 3-4）

图 3-4 《GE，想到，做到》网站内页《丝绸之路篇》动画单帧 / GE 中国 / all.vic.sina.com.cn/ge

瓷器篇

从青花瓷碗启幕，通过古朴大气的青花瓷水墨画形式呈现创意的内容。完美的水墨动画在画面上蜿蜒流动，大气婉约，相得益彰，唯美中国风尽显眼底，古代艺术与现代科技的强烈碰撞，不仅产生了华丽震撼的视觉效果，与瓷器这一中国文化元素相呼应，也展现出了 GE 品牌的别样特质，符合目标受众人群对于品质生活的理解和追求。（图 3–5）

图 3–5 《GE，想到，做到》网站内页《瓷器篇》动画单帧 / GE 中国 / all.vic.sina.com.cn/ge

集废制蜡篇

蜡质剔透的动画材质，工艺品般的雕塑人像。本集主角是 GE 工业产品家族的硬汉——燃气轮机，他满怀深情，伴着灰白的画面和略带古韵的音乐，将他的“铁汉柔情”娓娓道来。（图 3–6）

图 3–6 《GE，想到，做到》网站内页《集废制蜡篇》动画单帧 / GE 中国 / all.vic.sina.com.cn/ge

2. 大型情景网站《奇多》（cheetos.com.tr）

大型情景网站《奇多》，整个网站就是一个虚拟的游乐场，场景里的不同“设施”点开后都是相对应的一款FLASH小游戏，所有场景跟动画都做得很精美。（图3-7）

图 3-7　大型情景网站《奇多》/ cheetos.com.tr / 土耳其

3. 万代（韩国）官方网站（www.bandai.co.kr）

万代（bandai）是日本最大的综合性娱乐公司之一，主要涉及娱乐、网络、动漫产品及其周边等。其韩国官方网站以一个五层的游戏百宝盒为主体，每层分别代表不同的内容。（图 3–8）

图 3–8　万代官方网站（韩国）/ www.bandai.co.kr / 韩国

4. 本田 CR-V 宣传网站（www4.honda.com.br/hondacrv）

图 3-9　本田 CR-V 宣传网站互动的体验项目页面 / www4.honda.com.br/hondacrv / 葡萄牙

这是本田 CR–V 在葡萄牙的宣传网站，主界面以单页式呈现，整页如右图，除了相关信息、介绍与图片展示外，还包含了车内观和外观的 360 度互动浏览。另外，网站还有一个互动的体验项目（如左图），把 CR–V 模拟成玩具车，可供玩偶（用户）操控，还能以主观视线浏览车配置，点击每个配置的具体信息。用户还能选择 iPhone 或 iPad 的浏览操作。（图 3–9、图 3–10）

图 3–10　本田 CR–V 宣传网站 / www4.honda.com.br/hondacrv / 葡萄牙

5. 宜家厨房宣传网站《in the kitchen》（www.kitchenview.ru）

宜家厨房宣传网站《in the kitchen》通过一个个热闹的互动场面，显示了一种新的生活方式，改变了用户对厨房的观念。网站以视频的方式演绎不同的家庭、族群在厨房中的生活方式，点击视频中的厨房家具可获得相关信息。（图 3–11）

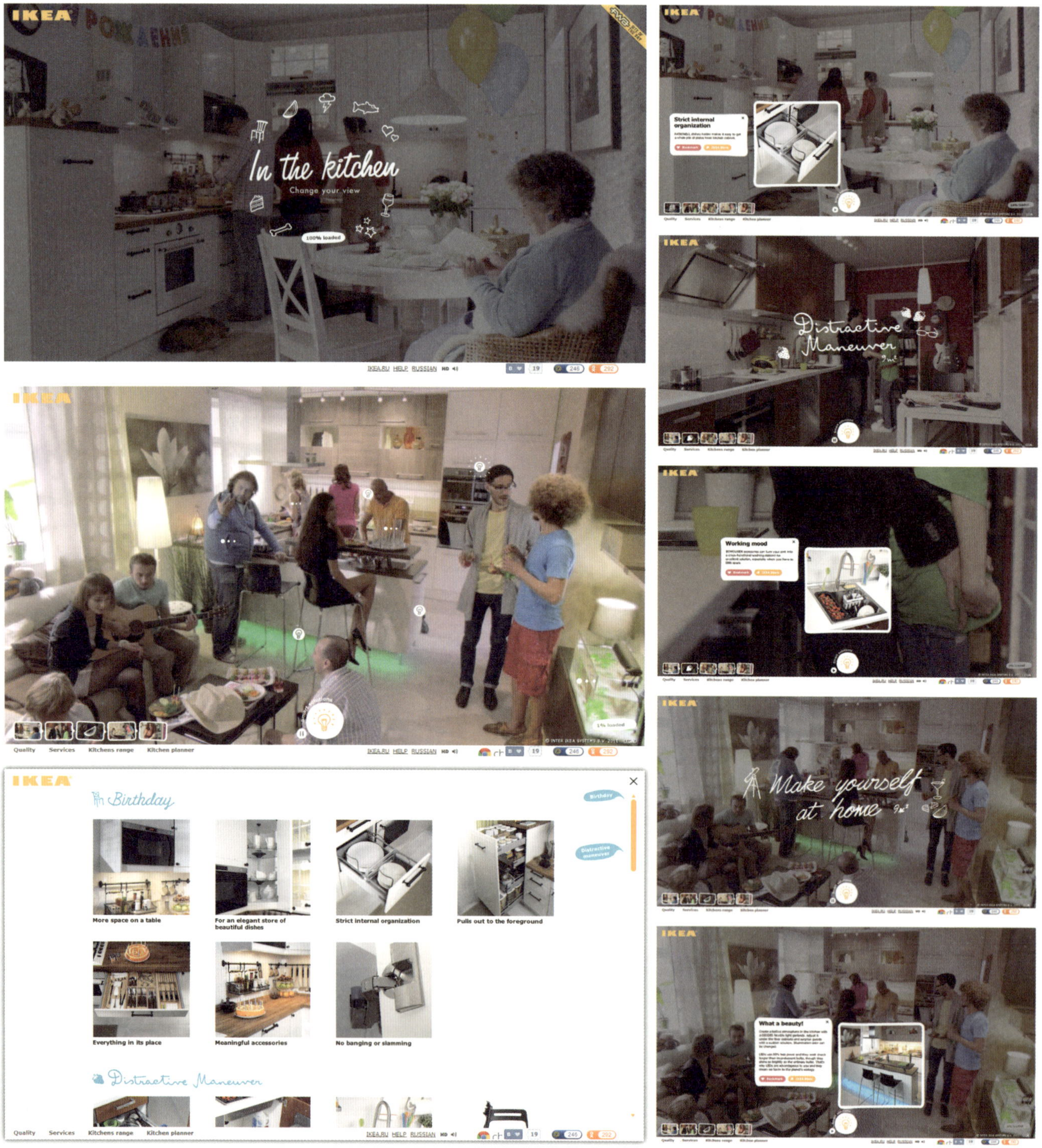

图 3–11　in the kitchen / 宜家家居 / www.kitchenview.ru / 爱尔兰

6. 优衣库（泰国）门店开幕宣传网站（cheetos.com.tr）

优衣库（Uniqlo）在泰国开设第四家门店的宣传网站，通过网站宣传希望顾客能邀请他们的朋友来参加优衣库盛大的开幕活动。（图3–12）

图 3–12　优衣库开幕宣传网站 / www.unigroupthailand.com / 泰国

7. 雷克萨斯（台湾）LS 系列宣传网站（www.lexus.com.tw/event/2012LS）

雷克萨斯（Lexus）是日本丰田汽车公司旗下的豪华车品牌，LS系列是LEXUS有史以来最豪华的汽车。该网站不仅提供视频观看体验，同时也允许用户通过点击和暂停任何帧，可以看到更详细的互动。（图3-13）

图 3–13　雷克萨斯 LS 系列宣传网站（台湾）/ www.lexus.com.tw/event/2012LS / 台湾

第二节　设计、艺术、文化类网站

设计、艺术、文化类的宣传网站，由于其行业特有的艺术性，网站更具独特的个性与风格，视觉效果有较高的欣赏价值。本节主要精选了几个很有特色的设计机构网站和文化事业宣传网站进行介绍和点评。

1. OK 工作室网站（www.ok-studios.de）

OK 工作室的网站是以视差滚动为表现方式。视差滚动（Parallax Scrolling）是一种独特的网页内容表现形式，其基本原理是让多层背景以不同的速度移动，形成立体的运动效果，带来出色的视觉体验。作为近年网页设计的热点趋势，越来越多的网站应用了这项技术。（图 3–14）

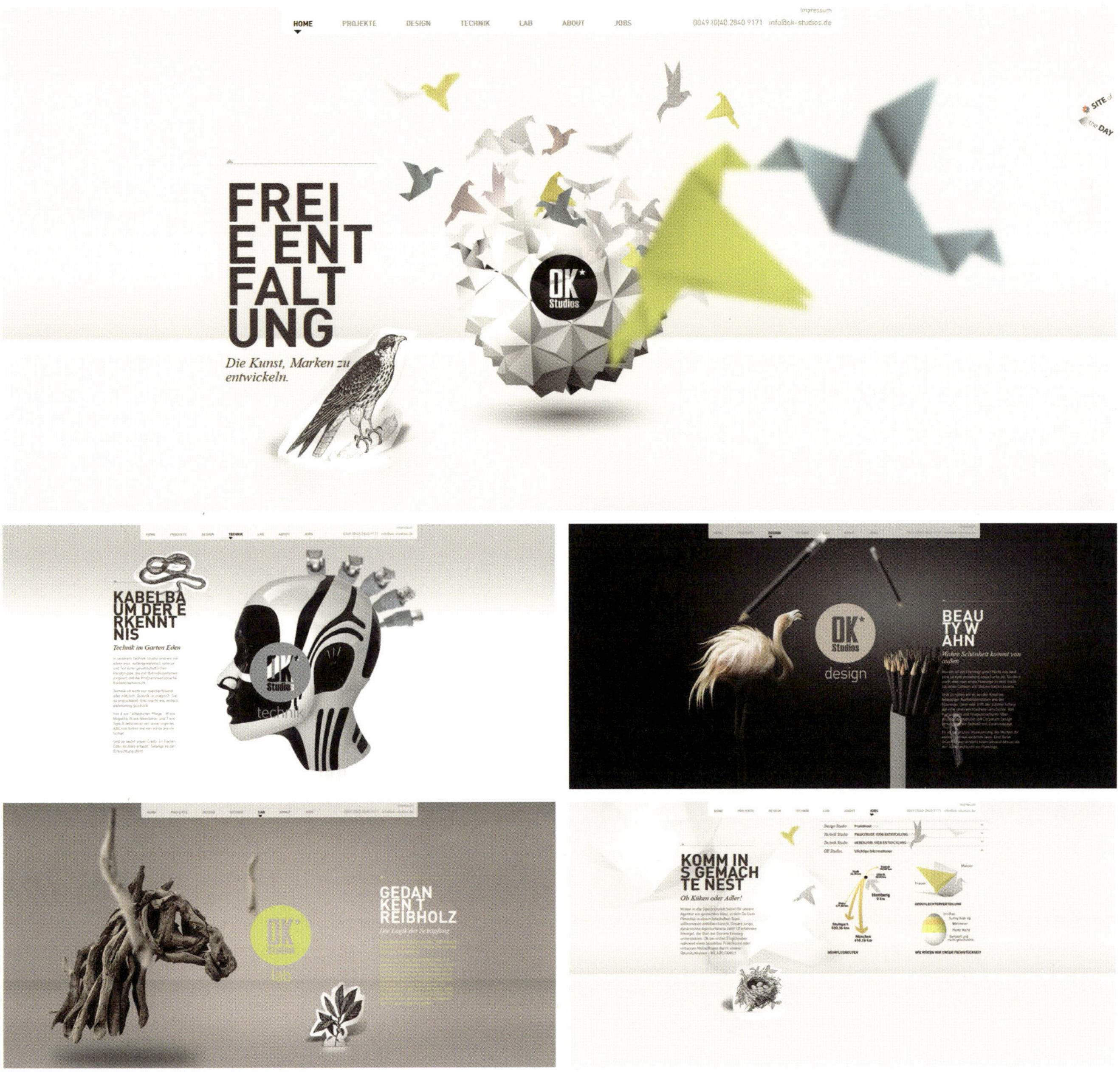

图 3–14　OK 工作室网站 / www.ok-studios.de / 德国

2. 摩研行空广告公司网站（www.mymoyan.com）

摩研行空是专业的互动体验顾问及网络行销传播顾问。致力于为高端地产项目提供全面深入而制定化的实效服务。其官方网站秉承“摩之互动 研求其行”的理念，将“世界美学 东方输出”概念贯彻始终。（图3-15至图3-17）

图 3-15 《摩研行空广告公司网站》网站进站动画单帧 / 摩研行空广告公司 / www.mymoyan.com

图 3-16 摩研行空广告公司网站首页 / www.mymoyan.com

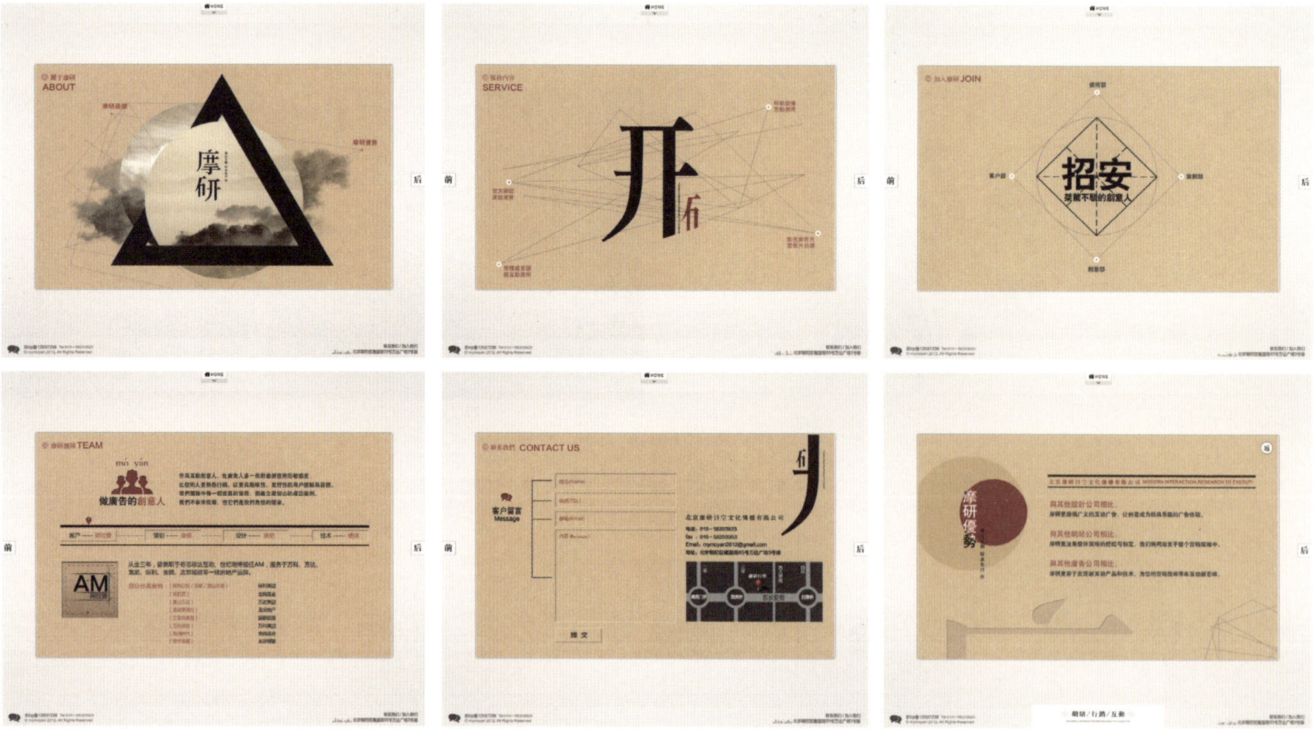

图 3-17 摩研行空广告公司网站内页 / www.mymoyan.com

3. 五斗米 Rice5Workshop 传媒及广告公司网站（www.rice5.com/www/v2）

五斗米传媒及广告公司由 4 位香港创意人于 2003 年创办，涉猎互动、数字、创意三界，五斗米秉持把区区“五斗米”的价值放到最大的理念，以“本土、独立、创意”的理念，为 adidas、纪梵希、Miss60、reebok、美邦等客户呈递精准、立体、高效的营销解决方案。

其宣传网站以一个形象本土、古怪的白色背心大叔为主角，跟随着大叔在具有香港怀旧街景特色的城市里穿行的同时，网站的内容随之出现。（图 3-18）

图 3-18　五斗米传媒及广告公司网站 / www.rice5.com/www/v2

4. “儿童的世纪”展览活动宣传网站（www.moma.org/interactives/exhibitions/2012/centuryofthechild/）

这是在纽约现代艺术博物馆展出的主题为“儿童的世纪”的展览活动的官方网站。该展览展出与儿童相关的现代设计，呈现儿童的物质世界，玩具、书籍、游乐场、学校、政治宣传、医疗产品如同万花筒般汇集在展览里，重新映射着一个别样的国际现代设计史。（图3-19）

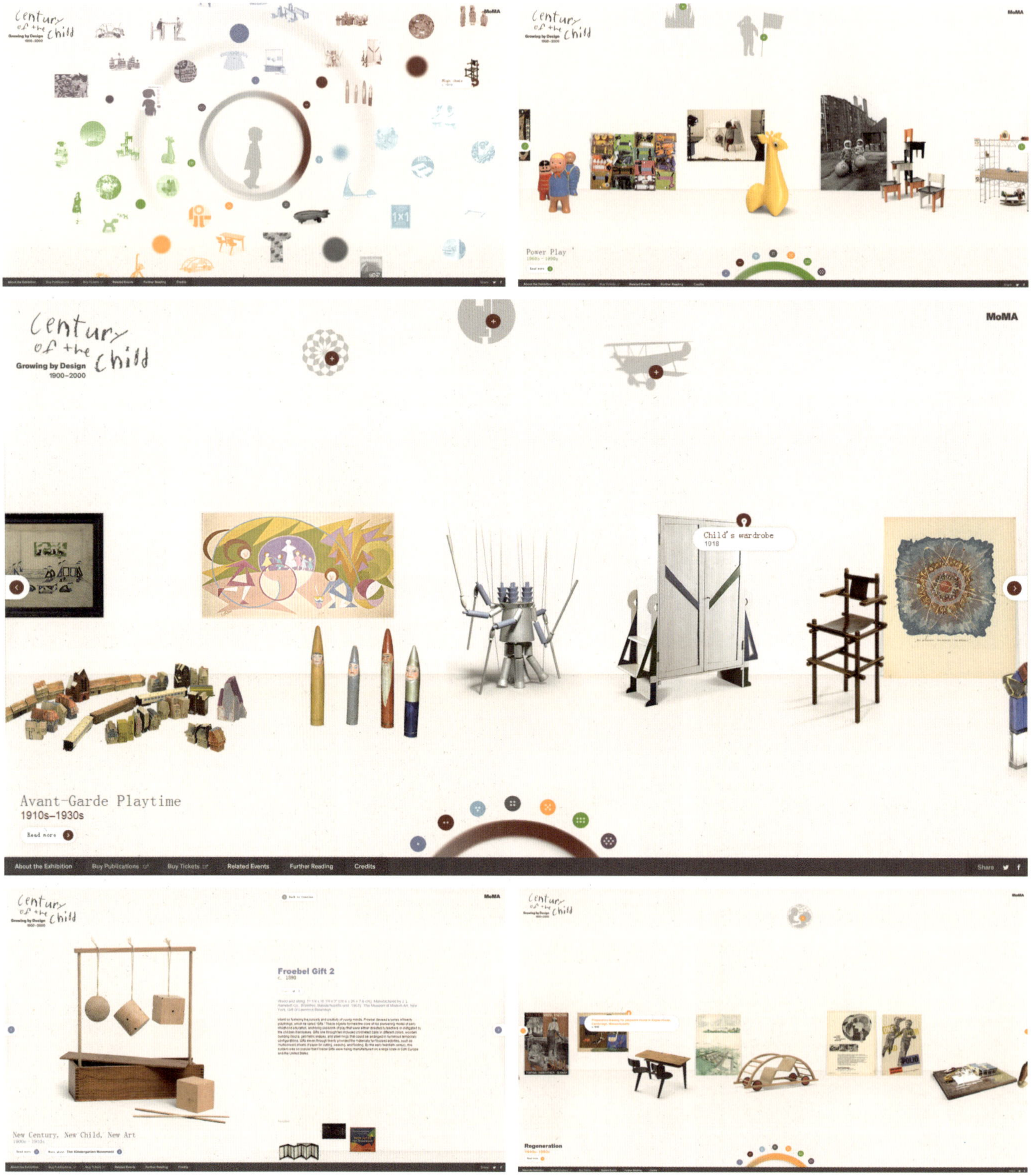

图3-19 “儿童的世纪”展览活动宣传网站 / 纽约现代艺术博物馆 / www.moma.org/interactives/exhibitions/2012/centuryofthechild/ / 美国

5. 插画艺术家 Róth Anikó 个人网站（www.rothaniko.com ）

网站页面场景就是插图师的绘画作品，个人风格强烈，网站个性鲜明。（图3-20）

图 3-20 Róth Anikó 个人网站 / www.rothaniko.com / 匈牙利

6. 《Bell》音乐视频游戏网站（www.androp.jp/bell）

这个网站是日本乐队 androp 的单曲音乐视频游戏，首先需要填写接收者的英文姓名与致对方的信息，这条信息将被创建成一个动物（不同的信息会组合成不同的动物），它随着歌曲穿过音乐世界，用户可以在这个过程中进行躲避游戏。（图 3-21）

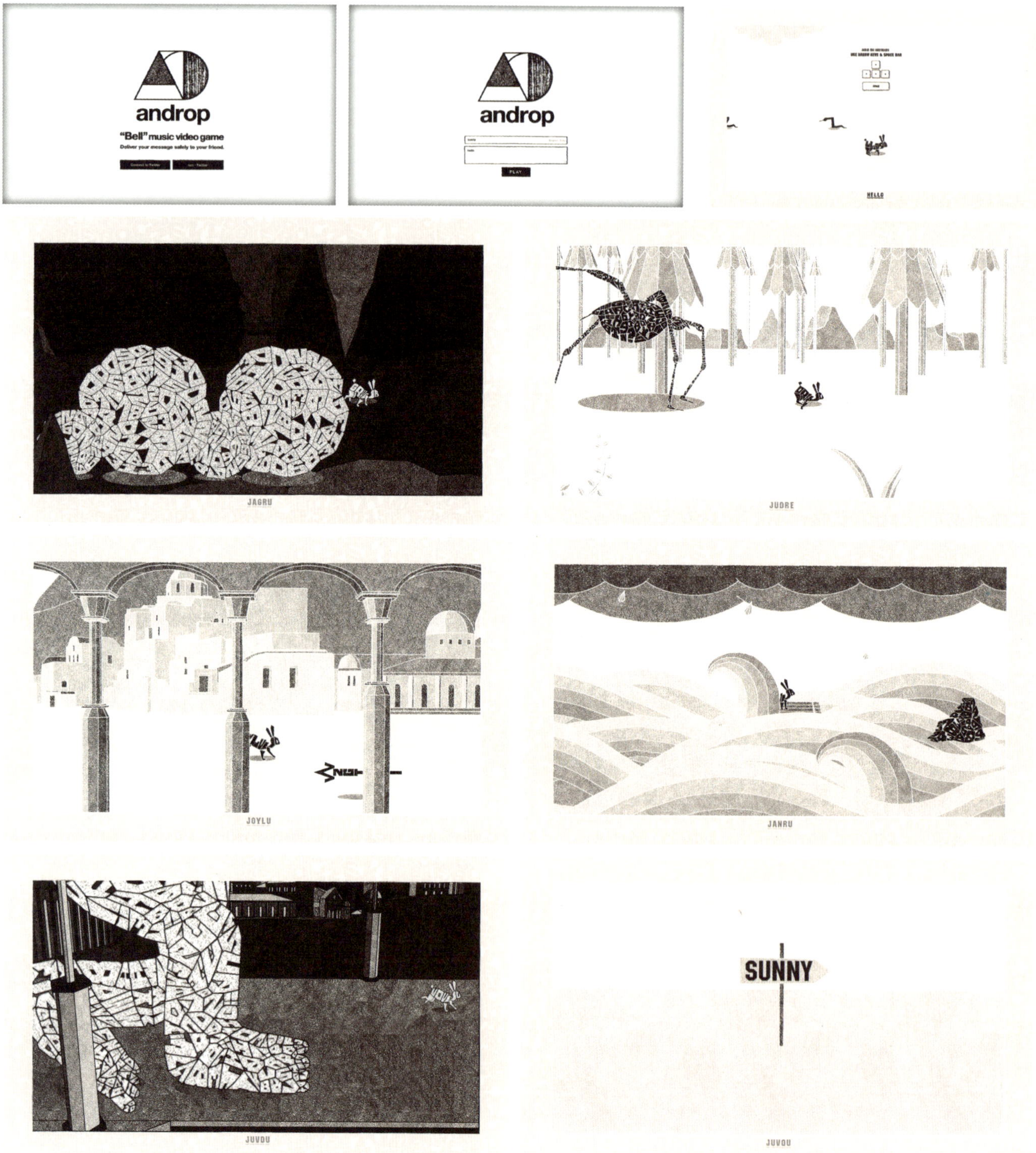

图 3-21 《Bell》音乐视频游戏网站 / /www.androp.jp/bell / 日本

7. 单曲《Coffee》发布网站（www.musikvideoprojekt.de）

这是乐队“Dear Lament”新歌“Coffee”的发布网站，在网站里，浏览者可以倾听这首歌曲，观看歌曲 MTV、记录他们创作思路的视频。

整个网站是典型的单页式结构，通过拖动浏览器的拖条从上至下浏览整个网站的内容。网站很巧妙地利用这个浏览方式，将整个页面布局成一个穿舞裙的女性黑色剪影，浏览器只能显示剪影的一部分，既为用户提供了一个奇妙的视觉体验，也营造了一种神秘的氛围。（图 3–22）

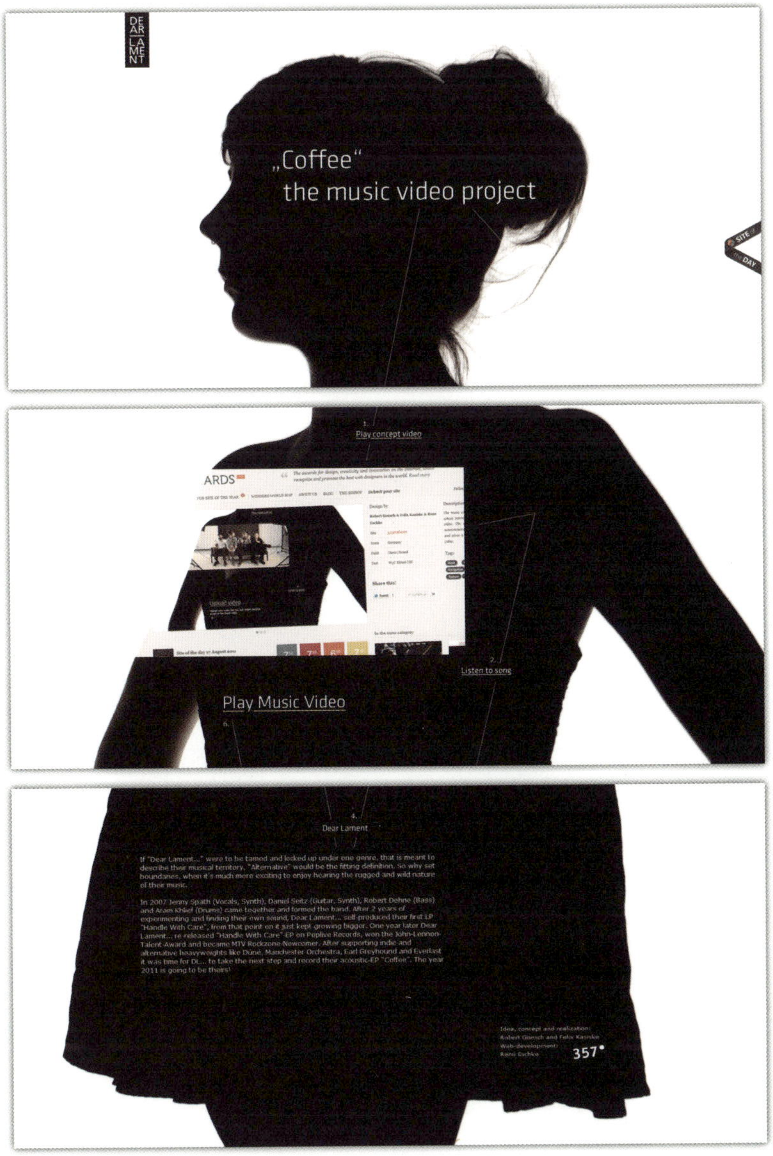

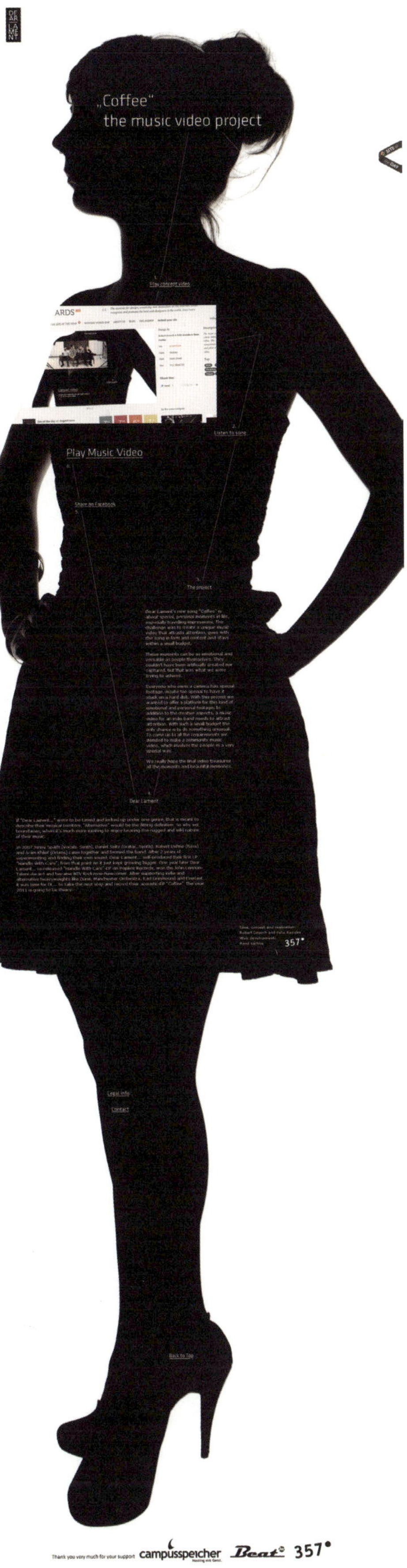

图 3–22　单曲《Coffee》发布网站 / www.musikvideoprojekt.de / 德国

8. Kinetic 设计机构网站（www.kinetic.com.sg）

Kinetic 将生命的迹象、人的基因、元素周期表、能量守恒定律……糅杂在一个网站单页里，给用户一种别样的视觉体验，隐含在各视觉元素中的链接则展现 Kinetic 的各项创意与设计。（图 3-23）

PICK A CARD
CRADLE OF ALL THINGS
The cerebrum is the source of all mental energy, and is comprised of 22 organs – each representing a faculty. As the skull is molded around the brain, there exists a remarkable harmony between its elevations and depressions and our propensities. With well-placed diagnosis, the human skull can be read as an accurate index of our psychological aptitudes and tendencies. A sound person should have a well-proportioned cranium such as an egg's shell. Too much of deviation of either measurement will produce inordinate personality disorders.
CONJUGAL LOVE
SOUND ON
HERE ARE SOME WAYS OF OBTAINING GOLD

图 3-23　Kinetic 设计机构网站网站 / www.kinetic.com.sg / 新加坡

第三节　其他网站

2011 澳大利亚人口普查宣传网站《Spotlight》(spotlight.abs.gov.au)

Spotlight 网站是为了促进澳大利亚 2011 年开展的人口普查而建立。网站把澳大利亚 2006 年的人口普查数据变成一个简单的交互式电影，告诉大众关于澳大利亚人民和人口的一些趣事。用户可以在浏览交互式电影的过程中，根据提问填写自己的相关信息与参数，创建属于自己的信息图表和个性化快照，还可以与朋友分享自己的信息。(图 3-24)

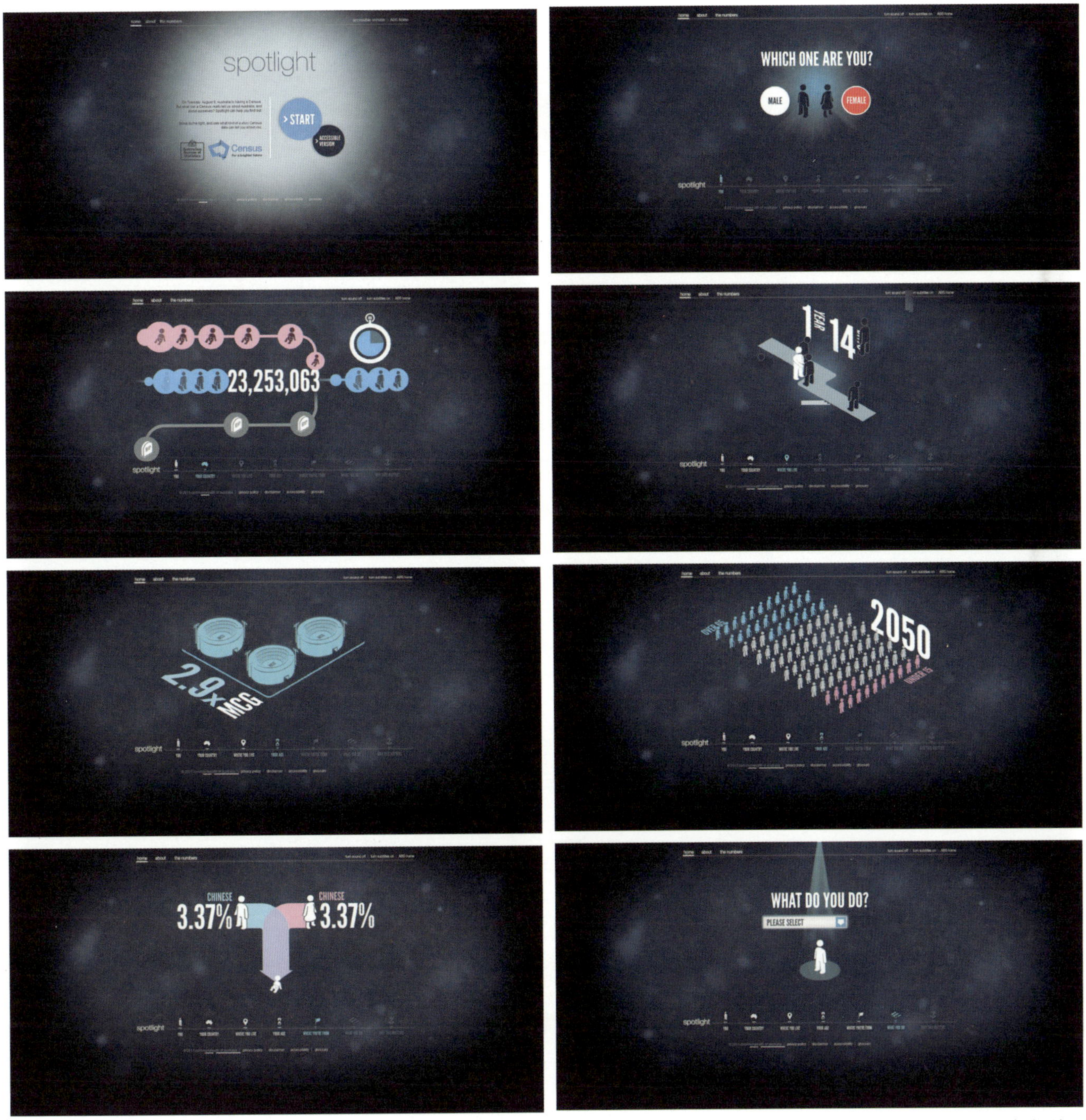

图 3-24　2011 澳大利亚人口普查宣传网站《Spotlight》/ spotlight.abs.gov.au / 澳大利亚

参考文献

[1] 美国 . SteveKrug. Don't Make Me Think: A Common Sense Approach to Web Usability [M], New Riders, 2009.

[2] 美国 . Jakob Nielsen, Hoa Loranger. Prioritizing Web Usability [M], New Riders, 2006.

[3] 美国 . John Mcwade. Before & After: How to Design Cool Stuff [M], Peachpit Press, 2009.

[4] 英国 . Giles Colborne. Simple and Usable Web, Mobile, and Interaction Design[M], New Riders, 2010.

[5] 美国 . Jason Beaird.The Principles of Beautiful Web Design Second Edition[M], SitePoint Pty Ltd, 2010.

[6] 美国 . Patrick McNeil. The Web Designer's Idea Book Volume 2[M], HOW Books, 2010.

[7] 美国 . Cennydd Bowles, James Box. Undercover User Experience Design [M], New Riders, 2010.

[8] 中国. 彭纲. 网页艺术设计 [M]，北京：高等教育出版社，2006.

[9] 中国. Jedi. 多媒体网页亲和力——Jedi 的多媒体课堂 [M]，北京：电子工业出版社，2011.

[10] 中国. 温鑫工作室. 网页配色实用手册 [M]，北京：科学出版社，2011.

[11] 中国. 谭亮. 网站策划与设计 [M]，武汉：武汉大学出版社，2010.

[12] 中国. 封莉，陈浩，王丽萍 . 基于项目导向的网页设计与制作课程设计与实施 [J]，快乐阅读，2011,(21)

[13] 中国. 赵露洁，夏朋举. 浅议网站的规划与建设 [J]，中小企业管理与科技 (下旬刊)，2011,(5)

学习网站

[1] 中国．中国互联网络信息中心．中国互联网络发展状况统计报告 [DB/OL]． www.cnnic.net.cn,2013.1.15

[2] 中国．百度百科．版式设计 [DB/OL].baike.baidu.com/view/826618.htm,2013.3.20

[3] 中国． 百度文库． 互联网的重要性 [DB/OL]wenku.baidu.com/view/a13b9881b9d528ea81c77970.html,2012.2.15

[4] 中国. 道客巴巴． Internet 的历史 [DB/OL].http://www.doc88.com/p-590322063586.html,2012.9.13

[5] 中国. 梦想天空．视差滚动（Parallax Scrolling）技术在网页中应用的精美案例 [EB/OL]. http://www.cnblogs.com/lhb25/archive/2012/04/06/beautiful-examples-of-parallax-scrolling-in-web-design.html

[6] 中国． 红动五星．网页的版式设计 [EB/OL]. bbs.redocn.com/viewthread.php?tid=277494&extra=page\\\\%3D1&page=1,2009.12.18

[7] 中国． 网页教学网． 网页设计师更需要注意页面的阅读性和可操作性 [DB/OL]. www.webjx.com/web/xindejiqiao-27973.html,2010.12.9

[8] 中国． 黑暗冰狐． 用户体验：不要让你的美化毫无意义 [DB/OL].www.uiimg.com/thread-1540-1-1.html,2012.9.28

[9] 中国． 百度知道．什么是 LOGO?[EB/OL]． http://zhidao.baidu.com/question/573710.html,2005.10.13

[10] 中国． 落在地上的月亮的日记． 网页设计基本步骤 [DB/OL]./www.douban.com/note/78928124,2010.7.3

[11] 中国． 易永网络． 企业网站策划书的内容、规划及撰写建设方案书 [DB/OL]. www.eayong.net/NewsView.asp?ID=360&SortID=26,2012.2.10

[12] 德国. Vitaly Friedman. Navigation Menus: Trends and Examples [DB/OL]. www.smashingmagazine.com/2008/02/26/navigation-menus-trends-and-examples,2008.2.26

[13] 日本． Christian Vasile. How Colors Help Make Websites Successful [DB/OL]. www.1stwebdesigner.com/design/colors-in-web-design-make-websites-successful/,2012.5.14

[14] 美国． Steven White. Planning Your Web Design with Sketches[DB/OL].tympanus.net/codrops/2013/01/29/planning-your-web-design-with-sketches/,2013.1.29

后记

POSTSCRIPT

本书总结了本人多年网页设计教学与实践中的一点拙见，所举的教学范例都是本人亲身参与的网站设计项目。完整细致地阐述了网站设计项目的操作流程以及客户每个阶段对设计进度的意见反馈。做到理论与实践的结合，既要给学生提供最新的网页设计的理念与信息，又要给学生提供规范典型的案例，同时传授网页设计的基本技能和方法。

本书能够顺利完成，首先要感谢总主编林家阳教授，没有他耐心的指导、有效的启发和富有建设性的宝贵建议，本教材想必无法拥有现在的成果。感谢顺德职业技术学院的彭亮教授对本人工作的支持、关怀与鼓励。感谢中国轻工业出版社的编辑们对本人的信任与帮助。感谢在教学课堂中与我共同进步、一起成长的学生们，你们是我教学研究的动力。

由于时间仓促，本书对于网站的色调分析还是比较粗浅，对网站版面布局的设计方法一部分借鉴了平面设计的版式设计方法，期待出版后能有同业们提出更专业的见解与建议。

谨以此书献给与我共同成长的学生和朋友们，再次感谢对于本人给予无私帮助的林家阳教授、彭亮教授和中国轻工业出版社的编辑们。

李蓟宁